玉米绿色栽培技术与病虫害防治图谱

主　编　高雪峰　王　欢　樊红婧

内蒙古科学技术出版社

图书在版编目（CIP）数据

玉米绿色栽培技术与病虫害防治图谱 / 高雪峰，王欢，樊红婧主编. — 赤峰：内蒙古科学技术出版社，2022.10

（乡村人才振兴·农民科学素质丛书）

ISBN 978-7-5380-3481-3

Ⅰ. ①玉… Ⅱ. ①高… ②王… ③樊… Ⅲ. ①玉米—栽培技术—图谱②玉米—病虫害防治—图谱 Ⅳ. ① S513-64 ② S435.13-64

中国版本图书馆 CIP 数据核字 (2022) 第 181130 号

玉米绿色栽培技术与病虫害防治图谱

主　　编：高雪峰　王　欢　樊红婧
责任编辑：季文波
封面设计：光　旭
出版发行：内蒙古科学技术出版社
地　　址：赤峰市红山区哈达街南一段4号
网　　址：www.nm-kj.cn
邮购电话：0476-5888970
印　　刷：涿州汇美亿浓印刷有限公司
字　　数：156千
开　　本：710mm × 1000mm　1/16
印　　张：8
版　　次：2022年10月第1版
印　　次：2022年11月第1次印刷
书　　号：ISBN 978-7-5380-3481-3
定　　价：35.80元

如出现印装质量问题，请与我社联系。电话：0476-5888926　5888917

《玉米绿色栽培技术与病虫害防治图谱》

编委会

主　编　高雪峰　王　欢　樊红婧

副主编　（按姓氏笔画排序）

王宝石　齐婷婷　祁明星　许丽丽　孙智华

阳立恒　李　姝　宋月凤　张中芹　林　淼

林志强　周志有　周艳勇　赵丽平　赵彦军

钱向前　殷建平　姬玉霞　隋　涛　韩　娟

编　委　（按姓氏笔画排序）

王　艳　李　芳　李红梅　张文文　林艳波

周纪帆　孟繁英　童传洪　裴美燕

玉米是我国三大粮食品种之一，是我国北方的主要粮食作物，也是重要的食品、饲料和工业原料。在我国，玉米生产地区分布较广，全国20多个省、自治区、直辖市都有种植，主产区是东北、华北及西北的一部分地区。但目前我国玉米单产水平不高、栽培技术滞后、种植成本高、机械化程度低、抗灾减灾能力较差等问题依然存在。依靠农业科技，努力提高玉米单产将是我国未来玉米生产的主要趋势。

本书力求实用性、通俗性和先进性，强调适合农村特点，简明扼要，通俗易懂，既有一定的理论水平，也有较强的实用价值。本书分五章，分别介绍了玉米的生理基础、玉米栽培管理、机械化技术与绿色防控技术、玉米病害田间识别与绿色防控、玉米虫害田间识别与绿色防控等内容。书中通过大量彩图，配以说明性文字，对玉米的种植技术，病虫害的症状、发生规律、形态特征、防治措施等几方面进行了详细讲解。

本书在编写过程中参考引用了许多文献资料，在此谨向其作者深表谢意。由于编者水平有限，书中难免存在疏漏和错误之处，敬请专家、同行和广大读者批评指正。

编　者

2022 年 3 月

目录
CONTENTS

第一章
玉米的生理基础

第一节　玉米的生育进程

一、玉米的生长发育

玉米从播种开始，经历种子萌发、出苗、拔节、抽雄、开花、吐丝、受精、灌浆、成熟，完成其生长发育的全过程。在生育过程中可分为营养生长和生殖生长阶段，如图所示。

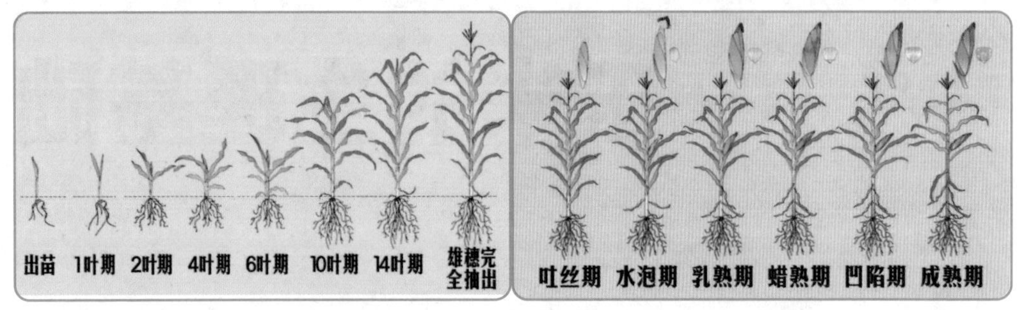

玉米的营养生长过程　　玉米的生殖生长过程

（一）营养生长

1. 苗期

出苗　当第1片叶（胚芽鞘）出现在土壤表面之上时，即为出苗。种子吸收水（约为其重量的30%）和氧气用于发芽。根据土壤湿度和温度条件，胚根迅速从籽粒尖端附近露出。胚芽鞘从籽粒具胚一侧长出，并通过中胚轴伸长被推向土壤表面。当包裹胚芽叶的中胚轴结构接近土壤表面时，胚芽叶便打开。

管理　理想的土壤温度（10 ~ 12.8℃）和湿度条件促进快速出苗（5 ~ 7天）。最佳播种深度为2.54 ~ 5.08cm。合适的播种深度对于最佳出苗至关重要。寒冷、干燥和深播可能会延迟几天出苗。

2. 叶期

1叶期　1片叶的叶枕（见叶片基部）可见。玉米的第一片叶子具有圆形尖端。从这一时间点到开花（R1吐丝期），叶期均由最上面的具有可见叶枕的叶片定义。5叶期后期之前，生长点一直位于地表以下。

管理　留意出苗（例如：株距17.78cm，行距76.20cm，种植密度为4921株/亩）、杂草、昆虫、病害和其他生产问题。

2叶期　节生根开始出现在地下，种子根开始衰老。除非天气极冷或玉米种得浅，否则霜冻不太可能冻害玉米幼苗。

4叶期　节生根占主导地位，占据了比种子根更多的土壤体积。叶片仍然在顶端分生组织上发育（植物初生生长）。

6叶期　6片叶的叶枕可见。在数叶片时应考虑这一点：具有圆形尖端的第一片叶子是逐渐衰老的。生长点出现在土壤表面之上。植株的所有部分均已启动。在6叶期和10叶期的某个时间，决定可能的穗行数（穗周长）。潜在的穗行数受遗传和环境的影响，胁迫逆境也会降低穗行数。6片叶时茎伸长，株高增加，在植株的最低地下节点形成节生根。

管理　注意杂草、昆虫和病害。此阶段玉米植株开始快速吸收养分。定时施肥以满足这时的养分吸收，提高养分利用效率的潜力，特别是对于氮等可移动的养分。

10叶期　支柱根开始在植株较低的地上节点发育。在此阶段之前，叶片发育速率为每2～3天长出1片叶。

管理　在此阶段，玉米对养分（K>N>P）和水的需求很高。高温、干旱和营养缺乏将会影响潜在的籽粒数和穗的大小。注意根倒伏问题和病害（例如，锈病、褐斑病）。杂草控制至关重要，因为玉米不耐早期的水、养分和光照强度竞争。

14叶期　快速生长。该阶段在开花前约2周发生。对高温和干旱胁迫高度敏感。从这个阶段到雄穗完全长出，将会有另外4～6片叶展开。

管理　注意根倒伏问题、茎秆倒折（可能发生在10叶期至雄穗完全抽出）和病害（例如，常见的锈病、褐斑病）。从此时起，直到开花，可能会形成不正常的玉米雌穗。

雄穗完全抽出　形成潜在的行粒数，确定最终的潜在粒数（胚珠数）和潜在雌穗大小。植株顶部可见雄穗的最后一个分枝。花丝可能会出现，也可能不会出现。株高几乎处于最大值。

管理　此阶段，玉米对养分（K>N>P）和水的需求接近最大值。高温和干旱会影响潜在的籽粒数。注意昆虫（例如，玉米叶蚜、地老虎和秋季黏虫）和病害（例如，灰斑病、南方锈病和北方叶枯病）。叶片落叶总量严重影响玉米最终产量。

（二）生殖生长

吐丝期　开花始于花丝长出苞叶。那些附着于接近雌穗基部潜在籽粒上的花丝率先长出苞叶。花丝保持活性直至授过粉。花粉从雄穗落到花丝上，与胚珠（子房内着生的卵形小体）受精形成胚。确定潜在的籽粒数。株高达到最大值。受精后，胚发生细胞分裂。

管理　玉米对养分（N和P积累仍在进行，K积累几乎完成）和水的需求达到顶峰。高温和干旱将影响授粉和最终籽粒数。因冰雹或其他因素（例如，昆虫）导致的落叶将引起巨大的产量损失。

水泡期　花丝变暗并开始变干（吐丝期之后约12天）。籽粒呈白色水泡状，含有清澈透明的液体。籽粒含水量约为85%，胚在每个籽粒中发育。细胞分裂完成。籽粒灌浆开始。

管理　胁迫可以通过减少最终籽粒数(败育)来降低产量潜力。

乳熟期　花丝变干(吐丝期之后约20天)。籽粒是黄色的,当在手指之间压碎时,可以将乳状液体挤出籽粒。这种液体是淀粉积累作用的结果。

管理　胁迫仍会引起籽粒败育,从雌穗尖端开始。

蜡熟期　籽粒内的浆糊状物质具有类似面团的稠度(吐丝期之后26 ~ 30天)。淀粉和营养物质迅速积累;籽粒含有70%的水分,并开始在顶部凹陷。

管理　胁迫可以产生未灌浆或灌浆不充分的籽粒和畸形穗。在此阶段如果发生霜冻对谷物质量的影响很严重(霜冻从轻到重分别会造成25% ~ 40%的产量损失)。

凹陷期　大多籽粒都是凹陷的。随着淀粉含量的增加,籽粒水分下降到约55%(吐丝期之38 ~ 42天)。

管理　胁迫能够减轻籽粒重量。青贮收获时间即将来临(子粒乳线位置约在50%处)。

成熟期　籽粒基部形成黑色层,阻断干物质和养分从植株移动到籽粒(吐丝期之后50 ~ 60天)。籽粒干重达到最大(水分含量30% ~ 35%),并且生理成熟。

管理　籽粒尚未准备好安全储藏。在此发育阶段之后,霜冻或任何生物或非生物胁迫均不会影响产量。病虫害或冰雹会导致实际产量损失。可以开始收获,但长期储存的推荐水分为14.5%。注意由于欧洲玉米螟虫害等造成的田间果穗掉落。

第二节　玉米的器官建成

一、根

种子萌发时,先从胚上长出胚芽和一条幼根,这条根垂直向下生长,可达20 ~ 40cm,称为初生胚根。经过2 ~ 3天,下胚轴处又长出2 ~ 6条幼根,称为次生胚根。这两种胚根构成玉米的初生根系。它们很快向下生长并发生分枝,形成许多侧根,吸取土壤中的水分和养料,供幼苗生长,如下图所示。

幼苗长出2片展开叶时,在中胚轴上方、胚芽鞘基部的节上长出第一层节根,由

此往上可不断形成茎节，通常每长2片展开叶，可相应长出一层节根。玉米一生的节根层数依品种、水肥供应和种植密度等条件而定，一般可发4～7层节根，根总数可达50～60条。次生根会形成大量分枝和根毛，是中后期吸收水分、养分的重要器官，还起到固定、支持和防止倒伏的作用。

从拔节到抽雄，近地表茎基1～3节上发出一些较粗壮的根，称为支持根，也叫气生根。它入土后可吸收水分和养分，并具有固定和支持作用，对玉米后期抗倒、增产作用很大。

二、茎

玉米茎秆粗壮高大，但植株的高矮因品种、气候、土壤环境和栽培条件不同而有较大差别。适当降低株高，增加种植密度，有利于高产。玉米植株茎秆有许多节，每个节上生长一片叶。一株玉米的茎节数有15～24个，包括地下部密集的3～7个节。各节间伸长靠居间分生组织不断分化、伸长、变粗。各节间的生长由下向上，逐节伸长。地下部几个节间的伸长，拔节前已开始，但伸长长度有限。拔节后，地上部节间伸长迅速，每昼夜株高可增长2～4cm；当气温高、肥水充足、生长最快时，一昼夜可伸长7～10cm。植株各节间长度变化表现出一定的规律性：通常基部粗短，向上逐节加长，至穗位节以上又略有缩短，而以最上面一个节间最长且细。植株基部节间粗壮，是玉米根系发育良好和植株健壮生长的重要标志。基部节间粗短，根系发育良好，抗倒能力强，是高产的象征；反之，根系弱，易倒伏，不能获得高产。苗期适当蹲苗，能促进茎基粗壮。

玉米茎秆除最上部5～7节外，每节都有一个腋芽。地下部几节的腋芽可发育成分蘖，生产上叫发杈，须打掉，以减少营养损耗。茎秆中上部节上的腋芽可发育成果穗，多数只发生1～2个果穗，而其他节上的腋芽发育到中途即停止、退化。孕穗期肥水供应充足，通风透光良好，有的可以形成双穗，多数结单果穗。若玉米腋芽不能得到充分发育或密度过大、环境不良，则会形成空秆。

三、叶

叶由叶片、叶鞘和叶舌三部分组成。叶片中央有一主脉，两侧平行分布许多小侧脉，叶片边缘具有波状皱褶，可起到缓冲外力的作用，以避免大风折断叶部。叶片表面有许多运动细胞，可调节叶面的水分蒸腾。天气干旱时，运动细胞因失水而收缩，叶片向上卷缩成筒状，呈萎蔫状态，以减少水分蒸腾。叶片宽大并向上斜挺，连同叶鞘像漏斗一样包住茎秆，有利于接纳雨水，使之流入茎基部，湿润植株周围的土壤。

叶片在茎秆上呈互生排列。玉米一生的叶片数目是品种相对稳定的遗传性状。晚熟品种有21～24片叶或更多。玉米抽雄后，地上部各节位叶片基本全部展开，中下部大多叶片尚未凋萎，单株总叶面积在抽雄开花期达到最大值。一般平展型玉米品种的叶面积指数大多在3.5～4.0，目前推广的紧凑型玉米为5.5～6.0，高密度的夏播玉米高达7.5～8.0。

玉米属C_4植物，叶的光合效能高，称为高光效作物。在通常大气CO_2浓度为300ml/L、温度为25～30℃条件下，净光合强度值为46～63mg/（dm^2·h）。玉米光饱和点高，光补偿点低，在自然光条件下不易达到饱和状态，同化效率高，水分吸收利用率高，蒸腾系数为300～400，而C_3作物在600以上。玉米植株各部位的叶片按其对生长中心器官的生理作用分为3组，每组叶数大体占全株总叶数的1/3左右。

（1）根叶组。茎基部叶，为根系发育和中下部叶片生长提供光合同化物质。

（2）茎（雄）叶组。中部叶，为拔节后茎节伸长和雄穗分化发育提供光合同化物质，也部分供应上部叶片的生长。

（3）穗（粒）叶组。茎上部叶，为雌穗分化发育和籽粒灌浆提供光合同化物质。

四、穗

玉米属雌雄同株异花植物，其雄穗是由主茎顶端的茎生长点分化发育而成。

（一）雄穗

圆锥花序，着生于茎秆顶部，由主穗轴和若干个分枝构成。雄穗分枝的数目因品种类型而异，一般为10～20个。主轴较粗，着生4～11行成对排列的小穗；分枝较细，通常着生两行成对排列的小穗。每对小穗均由位于上方的一个有柄小穗和位于下方的一个无柄小穗组成，每一小穗基部都有两片颖片，又叫护颖，护颖内有两朵雄花，每朵雄花内有3个雄蕊和内外秆各1片。在外稃和雄蕊间有两个浆片，也叫鳞片，开花时浆片吸水膨大，把外秆推开，并且花丝同时伸长，使花药伸出外面散粉，如下图所示。

（二）雌穗

雌穗为肉穗花序，受精结实后称为果穗。由茎秆中上部节上的腋芽发育成果穗。从器官发育上来看，果穗实际上是一个变态的侧枝，下部是分节的穗柄，上端连接一个结实的穗轴。果穗外面具苞叶，苞叶数目与穗柄节相同。果穗穗轴上成对排列着无柄小穗，每一小穗内有两朵小花，上位花结实，下位花退化。因此，果穗行数通常成偶数，一般有12～20行籽粒。每行籽粒数目由果穗长短、大小而定，一般为40～60粒，如下图所示。

雄花序

雌花序

果穗不同部位的花丝抽伸的时间和速度不同。基、中部1/3处的花丝伸长最快，最先伸出苞叶，随后往上、往下依次伸出，顶部花丝最晚伸出。最后抽伸的花丝已到散粉后期，往往因授粉不足而造成缺粒、秃尖。花丝抽出苞叶7cm时具有受精能力，如果接受不到花粉，可以一直伸长到50cm左右。受精后的花丝停止伸长，2 ~ 3天内枯萎。

玉米的雄穗和雌穗在小花分化期前都为两性花，随后雌、雄蕊发育向两极分化，雄穗上的雄蕊继续发育，而雌蕊退化消失；雌穗的上位小花雌蕊继续发育，而雄蕊退化消失，因而小花分化后，雄穗和雌穗在发育过程中均表现为单性花。

（三）开花、授粉与受精

玉米雄穗开花时，花药中的花粉粒及雌穗小花和胚珠中的胚囊都已成熟，花药破裂即散出大量花粉。散粉在一天中以7—11时为多，最盛在7—9时，下午开花少。花粉落到花丝上称为授粉。

玉米的花为风媒花，花粉粒重量轻，花粉数量多，每个花药可产2500多粒花粉，全株整个花序可多达100万 ~ 250万粒。散粉时，靠微风即可传至数米远，大风天气可送至500m以外，因此，玉米制种田必须设置隔离区。

花粉粒落在花丝上，经过约2小时萌发，形成花粉管，进入胚囊，完成受精过程。花粉粒释放的两个精子，一个与卵细胞结合，形成合子，将来发育成胚；另一个先与两个极核中的一个结合，再与另一个极核融合成一个胚乳细胞核，将来发育成胚乳。实行人工辅助授粉是提高玉米果穗结实率的有效措施。

（四）籽粒发育

雌花受精后，籽粒即形成，并开始生长发育。籽粒形成和灌浆过程先后可分为以下四个阶段。

（1）籽粒形成期。受精后10 ~ 12天原胚形成，14 ~ 16天幼胚分化形成，籽粒呈胶囊状，此时胚乳为清浆状，含水量大，干物质积累少，体积增大快，处于水分增长阶段。

（2）乳熟期。受精后15 ~ 35天，种胚基本形成，已分化出胚芽、胚轴、胚根，胚乳由浆状至糊状，籽粒体积达最大，干物质积累呈直线增长。此时，籽粒含水量开始下降，为干物质增长的重要阶段。

（3）蜡熟期。受精后35 ~ 50天，种子已具有正常的胚，胚乳由糊状变为蜡状，干物质积累继续增加，但灌浆速度减慢，处于缩水阶段，籽粒体积有所缩小。

（4）完熟期。受精后50 ~ 60天，籽粒变硬，干物质积累减慢，含水率继续下降，逐渐呈现出品种固有的色泽特征，变硬。种子基部尖冠有黑色层形成。苞叶黄枯松散，进入完熟期。

第三节 玉米的分类

一、按籽粒外部形态和内部结构分类

1. 马齿型玉米

为当前生产上种植的最重要的栽培类型。果穗圆筒形，籽粒扁平，呈方形或长方形，两侧胚乳为角质淀粉，中间和顶部为粉质淀粉。

马齿型玉米成熟时顶部干燥凹陷呈马齿状。植株高大，抗逆性强，产量较高，适于在高肥水条件下种植，但籽粒品质较差。

2. 硬粒型玉米

又称燧石型或普通型。果穗圆锥形。籽粒一般为圆形，顶端和周围胚乳均为角质淀粉，透明而有光泽，中间为粉质淀粉。

硬粒型玉米食用品质好，成熟早，适应性强，但丰产性差，多数农家品种属于这种类型。

3. 半马齿型玉米

也称中间型，为马齿型和硬粒型的杂交种。籽粒顶部凹陷，深度较马齿型浅，也有不凹陷的，但呈现白色斑点，产量中等，品质较马齿型好。

当前生产上栽培的杂交种玉米大多属于这一类型。

4. 粉质型玉米

也称软质型。穗形和粒形与硬粒型相似，籽粒胚乳全由粉质淀粉组成，粒色乳白，质地松软，外表无光泽。生产上栽培较少。

5. 甜质型玉米

又称为甜玉米。籽粒未成熟时具有半透明的角质外形；干燥时籽粒表面皱缩，呈半透明状。在乳熟期，籽粒的糖分含量达15% ~ 18%，成熟时含糖量逐渐减少。

这种玉米多在没有完全成熟时供作蔬菜，大部分用来制作罐头食品。

6. 爆裂型玉米

果穗和籽粒均较小，穗轴细，籽粒全部为角质淀粉，质地坚硬，品质较好，加热爆裂较硬粒型籽粒好。20世纪80年代以来，我国培育出一些优良爆裂型品种和杂交种。

7. 糯质型玉米

又称蜡质型，是玉米引入我国后产生的突变类型。籽粒胚乳成分全为角质的支链淀粉。籽粒不透明，暗淡无光泽。

8. 有稃型玉米

果穗每个籽粒均有一个长大的稃片包被，而果穗外面又有与普通玉米一样的苞叶包住。常自花不孕，是一种较为原始的类型，栽培价值较低。

9. 甜粉型玉米

籽粒上半部具有与甜质型玉米相同的角质淀粉，下半部具有与粉质型玉米相同的淀粉。生产上应用价值不大，栽培很少。

二、根据玉米的品质分类

1. 甜玉米

又称为水果玉米，通常分为普通甜玉米、加强甜玉米和超甜玉米。甜玉米对生产技术和采收期的要求比较严格，且货架寿命短，国内育成的各种甜玉米类型基本能够满足市场需求。

2. 糯玉米

淀粉为支链淀粉，蛋白质含量高，有不同花色。它的生产技术比甜玉米简单得多，与普通玉米相比几乎没有什么特殊要求，采收期比较灵活，货架寿命也比较长，不需要特殊的贮藏、加工条件。糯玉米除鲜食外，还是淀粉加工业的重要原料。中国的糯玉米育种和生产发展非常快。

3. 爆裂玉米

爆裂玉米的果穗和籽实均较小，籽粒几乎全为角质淀粉，质地坚硬。粒色白、黄、紫或有红色斑纹。有麦粒型和珍珠型两种。籽粒含水量适当时加热，能爆裂成大于原体积几十倍的爆米花。籽粒主要用作爆制膨化食品。爆裂玉米膨爆系数可达25 ~ 40，是一种专门供作爆玉米花（爆米花）食用的特用玉米。爆裂玉米育种起源于美国，中国改革开放后，美国爆裂玉米及加工机器进入我国市场，国内某些科研单位也开始了爆裂玉米育种工作，他们搜集和整理地方品种资源，同时引进国外种质资源。到目前为止，我国已有十多个爆裂玉米新品种育成。

4. 高油玉米

含油量较高，一般可达7% ~ 10%，有的可达20%左右，特别是其中亚油酸和油酸等不饱和脂肪酸的含量达到80%，具有降低胆固醇和软化血管的作用。

5. 高淀粉玉米

广义上的高淀粉玉米泛指淀粉含量高的玉米类型或品种，根据淀粉的性质又可划分为高直链淀粉玉米和高支链淀粉玉米两种。生产上普通玉米的淀粉含量一般在60% ~ 69%，将淀粉含量超过74%的品种视为高淀粉玉米。

6. 青饲玉米

是指采收青绿的玉米茎叶和果穗作饲料的一类玉米。

青饲玉米可分两类：一类是分蘖多穗型，另一类是单秆大穗型。青饲玉米单产绿色生物每亩在4000kg以上，在收割时青穗占全株鲜重不低于25%。青饲青贮玉米茎叶柔嫩多汁、营养丰富，尤其经过微贮发酵以后，适口性更好，利用转化率更高，是畜禽的优质饲料来源。随着畜牧养殖业不断发展和一些高产优质青饲青贮品种的出现，青饲青贮玉米生产水平有了明显提高。

7. 高赖氨酸玉米

胚乳中的赖氨酸含量高，比普通玉米高80% ~ 100%，产量不低于普通玉米。目前，在我国的一些地区，已经实现了高产优质的结合。

8. 笋玉米

是指以采收幼嫩果穗为目的的玉米。由于这种玉米吐丝授粉前的幼嫩果穗下粗上尖，形似竹笋，故名笋玉米。笋玉米以籽粒尚未隆起的幼嫩果穗供食用。与甜玉米不同的是，笋玉米是连籽带穗一同食用，而甜玉米只食嫩籽不食其穗。

第四节　玉米高产的生理基础

一、玉米增产的潜力

玉米籽粒产量的高低主要取决于光能利用率的高低，即光合产物中贮藏的能量占光合有效辐射能或占太阳总辐射能百分比的高低。一般说来，纪录产量与平均单产之间的差额即为可以挖掘的产量潜力。尽管我国玉米最高亩产纪录已达1400kg以上，但全国玉米平均亩产只有400kg左右，提高玉米单产仍有较大潜力。与世界平均水平相比，我国玉米的单产水平也存在较大差距，美国等发达国家平均亩产已经达到甚至超过600kg。另外，技术进步在我国玉米单产增长中的贡献份额为49%，与发达国家的60% ~ 80%相比，科技增产还有较大潜力。

众所周知，高产目标的实现需要以具有较高遗传潜力的品种为基础，并辅以优化可行的配套栽培技术来实现。目前，我国大部分玉米品种在小面积试验条件下均可达到每亩700 ~ 800kg，但在大面积推广中却很难实现如此高的产量水平。究其原因，除了品种本身的抗性和适应性外，主要是栽培措施不到位，良种良法不配套。目前，我国大部分地区玉米栽培技术相对落后或不足，从而严重制约了玉米产量的进一步提高。

二、玉米产量的构成因素

构成玉米产量的因素主要有亩穗数、穗粒数和粒重，这是构成玉米产量的三大要素。玉米的亩产量通常可以用下式表示：

$$亩产量 = 亩穗数 \times 穗粒数 \times 粒重$$

在条件允许的范围内，亩穗数、穗粒数和粒重三大要素中，增加或提高其中任何一项，产量都会提高。但是，当种植密度较低时，穗粒数和粒重提高，但收获穗数减少，当穗粒数和粒重的增加不能弥补收获穗数减少而引起的减产时，亩产量就会降低；当种植密度过高，另受水分、养分、光照、通风透光等条件的限制，玉米个体生长发育就会不良，不但穗小、粒少、粒小，品质下降，而且空秆率也会明显增加；当由于穗数的增加所引起的增产数量小于少粒、小粒和品质下降所造成的减产数量时，同样也会造成玉米减产。可见，玉米产量取决于亩穗数、穗粒数和粒重的协调、均衡发展。

三、单株雌穗数发育潜力

雌穗是玉米高产的重要物质基础，雌穗在抽丝前，以器官分化为主，其长度、粗度、干物重的增长非常缓慢，抽丝时长度还不到果穗长度的一半，粗度达1/3，它是奠定果穗大小的基础。雌穗伸长最快时期是从抽丝到授粉15天之内。授粉前雌穗干重占成熟时的7%，93%以上干物质是授粉后积累的。授粉后约30天内果穗干重的增加是穗轴和籽粒同时增加的结果，以后完全是籽粒的增重。

玉米单株结穗数的多少，一是决定于品种的遗传性，二是决定于栽培条件，两者有机结合才能发挥单株结穗数的潜力。在正常条件下，只有植株最上部1～2个腋芽才能发育成结实果穗。

四、单株穗数的决定时期

性器官形成期至吐丝后的10天内，是决定每株穗数的时期，其中，吐丝前后为关键时期。多穗型玉米能形成的有效果穗数：一是取决于雌穗是否同步分化，同期吐丝授粉；二是植株能否制造积累充足的营养物质，满足籽粒生长发育的需要；三是在果穗间营养物质能否较均衡地分配，这是授了粉的雌穗能否发育成有效果穗的重要条件。

五、单株穗数与穗部性状的关系

1. 单株穗数与穗粒重的关系

在一定穗数范围内，随着单株穗数的增多，单株粒重也随之增加，但平均穗粒重却随着单株穗数的增加而逐渐降低。如欲通过增加单株穗数来增加玉米库容量，以应用2个果穗较为适宜。

2. 单株穗数与穗粒数的关系

在一定穗数范围内，随着单株穗数的增多，单株粒数增加；单株平均穗粒数，随单株穗数的增加逐渐减少。

3. 单株穗数与千粒重的关系

随着单株穗数的增加，千粒重总的趋势是降低的。与穗粒重、穗粒数相比较，千粒重降低百分数较小。在构成玉米产量的因素中，千粒重是相对稳定的。

因此，力争实现粒多，是增加库容、实现高产的突破口。

六、穗粒数及其变化规律

穗粒数的多少，主要取决于雌穗分化的总小花数、受精的小花数以及受精后的小花能否发育成有效籽粒。雌穗分化的小花数是决定粒数的前提，吐丝后5～10天是最后确定总花数的适宜时期。玉米雌穗分化的总小花数目取决于品种，而栽培措施对其影响不大。完全花实际上是单穗的“潜在粒数”，穗粒数与总花数和完全花数量高度相关，穗粒数与抽出花丝数呈极显著的正相关。败育粒的多少与品种、环境、栽培技术密切相关，败育粒又分早败粒（授粉后8～12天）和晚败粒（授粉后12～24天）2种。总之，从吐丝至灌浆高峰期是有效粒数的决定时期，其中吐丝至吐丝后15天为关键时期。

可见，花数主要受基因型制约，是相对稳定的；粒数主要受环境条件的影响，变动较大，两者结合好，方能实现花多粒多，高产。

七、粒重及其变化规律

粒重的高低取决于籽粒库容的大小、灌浆持续期的长短和灌浆速率的高低。籽粒库容的大小决定了粒重的最大潜力，而灌浆速率和灌浆持续期则决定了最大潜力可能实现的程度。库容量大，灌浆速率高，灌浆持续期长，则粒重高。

第二章
玉米栽培管理

第一节　品种选择及种子处理

一、选择适宜的玉米良种

科学选种可以提高种子质量，是农业生产提质增效的重要措施。选择籽粒饱满、芽率高、芽势强的品种，以抵抗不良环境条件，防止坏种和粉种，降低苗期病虫害的发生概率，保证苗全、苗匀和苗齐。根据当地有效积温选择适宜的品种并进行种子处理是创建高产的首要条件。

优质玉米良种

1. 根据茬口选种

前茬若为豆科作物，肥力较高，茬口较好，应选择产量高的品种；前茬若为高粱、谷子、玉米等禾本科作物，应选择丰产性、稳产性好的品种，并适当加大磷钾肥的施用量；若前茬玉米病虫害发生较重，选种时应更换抗性强的品种。

2. 掌握品种生育期科学选择品种

一般生长期长的品种增产潜力大、产量高，但不能保证完全成熟，导致籽粒干瘪，降低玉米品质和产量。应选择生育期内能完全成熟的品种，如京科968、良玉99等系列品种。

3. 根据当地病虫害发生情况选种

近几年，丝黑穗病发生较重，主要与土壤有关。土壤、秸秆中病残体较多，容易发生病虫害。生产上应选择不易感染这类病虫害的品种。

4. 根据栽培管理技术选种

玉米产量高低与种植技术有直接关系，高产品种需要K肥条件相对较高，稳产品种需要的生产管理条件相对较低。因此，在生产管理水平较高、土壤肥沃、水源充足的地区，可选择产量高的品种；反之，应选择稳产品种。

5. 根据有效积温和当地降雨量科学选种

近几年，有效降雨少，加之冬季降雪量小，春旱、伏旱时有发生，因而应选择抗旱性强的品种，如良玉66、良玉88等系列品种，不能选择喜肥水的大穗型品种。

6. 根据种子的特征、特性选种

种子质量标准好坏直接影响到玉米产量的高低。选用高质量品种是实现玉米高产的有力保证。种子的4项指标包括纯度、净度、芽率和水分。要求种子发芽率不低于85%、纯度96%以上、净度98%以上、水分<14%。在正规厂家选购玉米品种，确保种子质量。种子包装袋不能为二次封口，应标明厂名、厂址、联系电话等；标签标注的净度、纯度、生产日期、芽率清晰明确；种子的粒型、大小和颜色整齐一致。

二、玉米种子处理

1. 播前晒种

播前晒种是玉米高产种植的一项关键技术。玉米种子含水量高影响玉米的芽率和玉米正常出苗，是造成冻害、发芽率降低的主要原因。晒种是在不增加成本的前提下实现增产的有效方式。晒种可以打破种子休眠期、提高芽率、增强芽势，还具有杀菌、预防和减轻种传病害发生的作用。一般在播种前选择晴朗的天气，在9—16时进行晒种，将种子均匀地摊在晾晒场上（不能直接摊放在柏油路面、水泥地和铁板上，防止温度过高灼伤种子），厚度以5～10cm为宜，白天经常翻动，夜间堆起盖好，一般连晒2～3天即可。

2. 药剂拌种

药剂拌种可防治地下害虫，减轻金针虫、蛴螬的危害，保证玉米苗全、苗齐，还可以降低蓟马、蚜虫、飞虱的发生概率。同时，拌种还可以促进生根，使主根发达、须根增多，吸水能力增强，倒伏概率降低，促进苗齐、苗壮，为玉米高产打下基础，预防玉米丝黑穗病、根腐病等病害。用玉米专用种衣剂拌种，拌匀后晾干即可播种，可防治苗期病虫害。药剂拌种需注意以下事项：催芽播种拌种衣剂安全性较差，好粒拌种直播较安全；玉米种衣剂不能用于其他作物，不能用水稀释种衣剂后再拌种，尽量不要二次包衣；玉米的种衣剂有成膜剂，保证种子的安全性，拌种后阴干，不能在太阳下曝晒，以免影响药效和芽率。

玉米使用种衣剂注意事项

（1）不宜浸种催芽。因为种衣剂溶于水后，不但会使种衣剂失效，而且溶水后的种衣剂还会对种子的萌发产生抑制作用。

（2）使用包衣种子，可不必进行试芽、测芽试验，直接使用即可。因为包衣种子的试芽、测芽试验非常复杂，技术要求较高，并且不易掌握，常规测芽方法不但发不出芽，而且还会使种子丧失使用价值，甚至发生药剂中毒事故。

（3）不宜与敌稗类除草剂同用：先用敌稗除草，必须3天后再播种，若先播种就不要再用此类除草剂。

（4）在pH大于8的地块上不宜使用包衣种子，也不宜在盐碱地播种，因为种衣剂遇碱即会失效。

（5）不宜用于低洼易涝地，因为在地下水位高的土壤环境条件下使用，包衣种子处于低氧环境极易造成包衣种子酸败腐烂，引起缺苗。

第二节　玉米苗期管理

玉米苗期虽然生长发育缓慢，但处于旺盛生长的前期，其生长发育的好坏不仅决定着营养器官的数量，而且对后期营养生长、生殖生长、成熟期早晚以及产量高低都有直接影响。因此，苗期需肥水不多应适量供给，并加强田间管理，促根壮苗，通过合理的生产措施实现苗足、苗齐、苗壮和早发。

一、间苗补苗

玉米苗期管理的第一步就是定植，定植包括查苗、补苗、间苗、定苗，其中最主要的工作就是间苗和补苗。玉米出苗后1周左右，在缺苗的地方进行补种，以保证田间的苗齐，然后将过密的幼苗拔除。

二、水分管理

玉米定植后要进行浇水，每隔4～6天浇一次水，直到长出新的根系，完全适应新的环境后停止。注意玉米苗成活后要减少水分，土壤保持一定的干燥程度，若是遇到降雨，及时地进行排水。

三、中耕除草

在玉米的生长期，需要进行2次中耕除草。在定植后7～10天进行第一次中耕，增强土壤的通透性，促进玉米苗根系发展。第二次除草要等到玉米苗长到40cm时开始，加快植株的生长速度。

四、追施苗肥

苗肥主要是为了促进玉米苗的生长，分为齐苗肥和提苗肥。齐苗肥通常在玉米定植后10天进行，每次最好结合中耕除草，可以追施尿素、钾肥、磷肥、复合肥等，以穴施为主。

五、病虫防治

玉米苗期虫害主要有地老虎、黏虫、蚜虫、蓟马等。防治方法：播种时使用毒土或种衣剂拌种。出苗后可用2.5%的敌杀死800 ~ 1000倍液，于傍晚时喷洒苗行地面，或配成0.05%的毒沙撒于苗行两侧，防治地老虎。用40%乐果乳剂1000 ~ 1500倍液喷洒苗心，防治蚜虫、蓟马、稻飞虱。用20%速灭杀丁乳油或50%辛硫磷1500 ~ 2000倍液，防治黏虫。

玉米苗期还容易遭受病毒侵染，是粗缩病、矮花叶病的易发期。及时消灭田间和四周的灰飞虱、蚜虫等，能够减轻病害的发生。

第三节　玉米穗期管理

玉米穗期是指从拔节到抽雄期间的生长发育阶段，也叫玉米生长发育的中期阶段。玉米穗期阶段的生长发育特点是营养器官生长旺盛，地下部次生根层数和根条数迅速增加，地上部茎秆和叶片生长迅速；与此同时，玉米雄穗和雌穗相继开始分化和形成。因此，穗期阶段是玉米植株营养生长和生殖生长并进时期，也是玉米一生当中最为重要的管理时期。穗期管理的目的是促秆壮穗，既保证植株营养体生长健壮，又要保证果穗发育良好。

一、中耕培土

玉米田生产中由于种子、地力、肥水、病虫危害及营养条件的不均衡，不可避免地产生小株、弱株。小株、弱株既占据一定空间，影响通风透光，消耗肥水，又不能形成相应的产量。因此，应及早拔除，以提高群体质量。

玉米大喇叭口期对养分、水分的要求强烈，中耕可以疏松土壤，有利于根系发育，同时也可去除田间杂草并使土壤更多地接纳雨水。培土则可以促进地上部气生根的发育，有效地防止因根系发育不良而引起的倒伏（即根倒）。此外，培土还可掩埋杂草，培土后形成的垄沟有利于田间灌溉和排水。中耕和培土作业可以结合起来一起进行，既能增厚植株基部土层，促根生长，防止植株倒伏，同时又能清除杂草。

中耕和培土时间一般在拔节至大喇叭口期之前进行，培土高度以7 ~ 8cm为宜。在潮湿、黏重的地块，大风、多雨的地区，以及大风、多雨的年份，培土的增产效果比较明显。

二、追施穗肥

在玉米一生当中，穗期阶段对矿质养分的吸收量最多、吸收强度最大，是玉米吸收养分最快的时期，也是一生当中最重要的施肥时期。大喇叭口期追施氮肥，可有效促进果穗小花分化，实现穗大粒多。由于玉米对钾肥吸收速度较快，到吐丝时植株基本停止对钾肥的吸收；磷肥由于肥效缓慢，追施磷肥增产效果不明显。所以磷肥和钾肥宜在播种或苗期早施，而穗期追肥则用速效氮肥效果比较好。大喇叭口期追肥应根据地力、苗情等情况来确定，一般每亩可追施尿素15 ~ 20kg或碳酸氢铵40 ~ 50kg。追肥方式可在行侧开沟或在植株一旁开穴深施，切忌在土壤表面撒施，以防造成肥料损失。

三、穗期灌溉

在玉米穗期阶段，要特别注意防止大喇叭口期出现旱情。大喇叭口期如果出现干旱，往往造成果穗有效小花数减少，果穗结实粒数减少。另外，还会造成雄穗抽出困难，影响散粉，所以大喇叭口期出现的干旱常被形象地称为“卡脖旱”。穗期的灌溉应根据当时的天气情况和土壤墒情来灵活掌握。穗期浇水结合追肥进行。

四、病虫防治

穗期的虫害主要有玉米螟等。玉米螟在穗期阶段主要在心叶（喇叭口内）当中蛀食叶片，抽雄至吐丝阶段蛀食雌穗，在玉米开始结实以后则钻蛀秸秆和穗轴、穗柄。因此，防治玉米螟的最佳时期为大喇叭口期，抽雄以后再进行防治则会非常困难。玉米螟防治方法是在大喇叭口灌心，使用药剂多为辛硫磷等颗粒剂，或Bt乳剂100 ~ 150ml加细沙5kg撒于心叶内防治，也可采用康宽或虫酰肼等喷雾防治玉米螟。夏玉米穗期的主要病害有褐斑病、茎腐病等。褐斑病可在玉米6 ~ 8片叶时选用20%三唑酮加入磷酸二氢钾等叶面肥喷雾防治；茎腐病可在发病初期用77%可杀得可湿性粉剂600倍液喷雾。

第四节　花粒期管理

花粒期营养器官基本形成，植株进入以开花、散粉、受精结实为主的生殖生长时期。它标志着玉米结束营养生长开始向生殖生长转化，是玉米形成产量的最关键时期。

一、补施追肥

根据田间玉米长势情况和地块肥力施攻粒肥。钾肥在玉米花粒期供求量很大，在保证玉米钾肥充足的情况下，酌情增施氮肥。结合花粒期浇水培土一次性从根部施入，亩用量5kg尿素或10 ~ 15kg碳酸氢铵，保证玉米后期灌浆有充足的营养供给以防早衰，增加玉米千粒重，提高单产量。

二、浇水排涝

合理排灌保墒营造良好的玉米生长环境。花粒期玉米对水分很敏感，要注意田间土壤保墒。一般情况下，田间正常的持水量为70%～80%。低于这个临界值，天气干燥时要及时浇水，否则会影响玉米散粉、授粉与授精。高于这个临界值时，玉米生长环境不良，长期处于田间渍水状态，会使玉米根系受到严重伤害，影响根系从土壤中吸取必要的生长营养。

三、人工授粉

人工授粉时期一般选择在盛花期，主要有两种措施：其一，直接晃动玉米秆，让花粉下落进行授粉；其二，采取竹竿法授粉。在授粉的过程中要注意，通常授粉时间宜选择在晴天无风的上午进行，一般情况下要人工授粉2～3次。

四、预防倒伏

防止玉米倒伏、早衰及提前枯死，最大限度地保持绿叶面积，以维持玉米群体光合生产能力。

玉米早衰，叶片枯焦和倒伏，都会减少玉米绿叶面积，从而影响玉米叶片光合产物的形成量。玉米在花粒期从根部吸收的营养和光合产物都终将输送到玉米果穗上，所以，但凡能影响光合产物形成的不利外界因素都要尽可能避免。

五、病虫防治

对症用药，及时开展化学绿色防控。玉米后期容易形成纹枯病、大小斑病、丝黑穗病、茎腐病、病毒病和疯顶病。特别是玉米纹枯病和大小斑病，对玉米的产量破坏力极强，值得高度重视。

第五节　收获期管理

一、成熟标志

玉米籽粒生理成熟的标志主要有两个：一是籽粒基部剥离层组织变黑，黑层出现；二是籽粒乳线消失。

玉米授粉后30天左右，籽粒顶部的胚乳组织开始硬化，与下部多汁胚乳部分形成一横向界面层即乳线。随着淀粉沉积量增加，乳线逐渐向下推移。授粉后60天左右，果穗下部籽粒乳线消失，籽粒含水量降到30%以下，果穗苞叶变白并且包裹程度松散，此时粒重最大，产量最高，是最佳的人工收获时期。我国北方旱地春玉米区大多在9月下旬至10月上旬人工收获。

二、机械收获

玉米机械化收获技术是在玉米成熟时，用机械来完成对玉米的茎秆切割、摘穗、剥皮、脱粒、秸秆处理等生产环节的作业技术。玉米联合机械收获适应于等行距、最低结穗高度35cm、倒伏程度<5%、果穗下垂率<15%的地块作业。

大部分地区收获时玉米籽粒含水率偏高（30% ~ 40%），玉米收获机械作业只可完成摘穗、集箱和秸秆还田等作业，不直接脱粒。国外玉米一般在完熟后2 ~ 4周或更晚直接脱粒收获。我国玉米收获适期因品种、播期和地区而异，多在蜡熟末期。若直接完成脱粒作业，需推迟收获期，让玉米在田间脱水到含水量25%左右。

玉米机械收获要求籽粒损失率≤2%，果穗损失率≤3%，籽粒破碎率≤1%，苞叶剥净率≥85%，果穗含杂率≤3%，留茬高度（带秸秆还田作业的机型）≤10cm，还田茎秆切碎合格率≥85%。

三、收后贮存

玉米收获后的果穗和籽粒集中到场院后要及时晾晒或通风降水，场地较小堆放较集中的隔几天翻倒1次，防止捂堆霉变。

穗贮 可用铁丝、砖、秫秸、木板做墙，用薄铁、石棉瓦做盖，建成永久性贮粮仓。

粒贮 籽粒入仓前，采用自然通风和自然低温，把籽粒水分降至14%以内。

四、秸秆还田

夏玉米区的主导生产模式是小麦、玉米一年两作，由于田间存在大量玉米秸秆，若处理不当，不仅影响整地、播种，还危害下茬小麦生长，造成小麦减产。

（1）适时收获玉米，提高秸秆粉碎质量。秸秆留茬高度≤10cm，秸秆粉碎长度≤5cm，秸秆粉碎合格率≥90%，确保粉碎后的秸秆均匀铺在田间。

（2）补充氮肥。在正常施肥情况下，每亩增施尿素7.5kg，翻耕或旋耕前将所有的肥料均匀撒在粉碎后的玉米秸秆上。

（3）及时整地，翻耕与旋耕结合。用旋耕机旋耕2遍，将碎秸秆全部翻埋在土下，做到土碎地平，上虚下实。根据当地生产条件，2 ~ 3年用大马力拖拉机带铧犁翻耕或深松20cm以上。

（4）防病治虫，重点防治地下害虫。耕地前每亩用3%甲·克颗粒剂2kg均匀撒于田间，或每亩用50%辛硫磷乳油250ml对水1 ~ 2L拌干细土10 ~ 15kg均匀撒于田间。

第三章
机械化技术与绿色防控技术

第一节　玉米全程机械化技术

玉米全程机械化技术包括机械耕整地，机械播种、施肥，机械除草，田间管理，机械收获等农机农艺融合技术。

一、机械耕整地技术要点

1. 机械耕翻作业

①春季作业在土壤解冻达到耕深要求时进行，秋季土壤结冻5cm深时停止作业；

②土壤含水率<15%土块，耕深为20 ~ 25cm；

③实际与规定耕幅偏差<±5cm，耕深误差<5%，作业内重耕率<3%，漏耕率<2%；

④耕后地表平整，地头横耕整齐，垡块翻转良好，立垡率和回垡率均<5%；

⑤开垄宽度≤30cm，深度≤15cm，闭垄高度≤10cm。

大马力机械耕翻作业

小型机械耕翻作业

2. 机械深松作业

①作业土壤含水率在15% ~ 22%时进行；

②深松的深度视耕层的厚度而定，以打破犁底层为主。中耕深松深度>25cm，春、秋季深松深度>30cm。同一地块，各行深度误差≤±2cm，深松后无田面起伏不平。

深松机械

机械深松作业

3. 机械起垄作业

①起垄高度均匀，垄体一致，各铧入土深度误差≤ ±2cm。垄体镇压后，垄高>16cm，各垄高度误差≤ ±2cm；

②起垄后垄形50m长直线度误差< ±10cm。垄距相等，垄距误差≤ ±2cm，起垄工作幅误差≤ ±5cm；

③地头整齐，起垄到边。

大马力机车起垄作业

小型起垄作业

4. 机械根茬粉碎还田作业

①粉碎长度<5cm，粉碎合格率>90%；

②小型机械作业深度>8cm，大型机械作业深度12 ~ 15cm；

③作业后耕层土壤细碎平整，碎土率>98%；

④根茬清除率>95%，碎茬均匀地混合在土壤中。

5. 机械旋耕作业

①旋耕深度>10cm；

②耕深稳定性>85%；

③全耕层碎土率>65%；

④地表平整度<5cm。

机械根茬粉碎还田作业

机械旋耕作业

二、机械播种作业技术要点

1. 播前准备

种子精选

应选择产量高、抗性强的品种并满足农艺要求，种子纯度＞99%，净度>98%，发芽率＞85%，含水量＜14%。

种子处理

播种前采用晒种、种子等离子处理和种子包衣等方法对种子进行处理，以增加种子生活力，提高发芽势和发芽率，减轻病虫害，达到苗全、苗齐和苗壮的目的。

2. 机械播种作业

适时播种	播量准确	播种深度
当耕层5～10cm地温稳定在8℃以上，土壤含水率≥16%时开始播种，土壤含水率不足时增墒播种。	精量点播，实际播量与规定播量误差≤3%，单粒合格率>90%，粒距误差≤±3cm，漏播率2%。	播种深度2.5～4.5cm，播深误差≤±1cm。
播行要直	**行　距**	**播种覆土**
50m长直线误差≤±5cm。垄上播种应对准垄台中心线，偏差≤±3cm。	行距一致，误差≤±1cm，播幅间行距误差≤±5cm。	播种后覆土均匀严密，无露种、露肥现象。

机械播种作业

小型机械播种机

3. 机械深施化肥作业

测土配方施肥

根据土壤供肥能力、目标产量、作物生长发育需肥量，结合测土配方技术来确定施肥量。

机械施肥方法

底肥深施　机械深施底肥分耕翻深施底肥、起垄深施底肥和旋耕整地深施底肥等。

耕翻深施底肥　耕翻深施底肥与耕翻作业同时进行，施肥深度>20cm，深浅一致，无断条或漏施。

起垄深施底肥　用起垄犁完成起垄深施底肥。施肥深度>15cm，深浅一致。肥带宽度3～5cm。无断条或漏施。

旋耕整地深施底肥　用旋耕整地机具完成耕翻、深松、深施底肥和起垄，施肥深度≥20cm，深浅一致。肥带宽度3～5cm。

机械播种同时深施肥　机械播种同时完成深施肥作业。施肥方式分种床下正位深施和侧位深施。

正位深施　肥随播种机播种作业深施于种床正下方。肥深施于种子下方8～10cm。施入的肥与种子深浅一致，肥带宽度略大于种行的宽度。

侧位深施　肥随播种机播种作业深施于种床侧下方。肥深施于种子斜侧下方8～10cm。肥条均匀连续，无断条或漏施。

机械中耕深追肥　中耕深追肥采取机械垄沟深追肥作业方式。垄沟追肥作业时施肥位置以作物同垄台交点为基准，肥施于作物一侧15cm，偏差2cm，施肥深度10cm，偏差2cm，肥带宽度>8cm。无断条或漏施。

三、化学药剂机械除草作业技术要点

- 选择安全、经济、高效的除草剂适时进行化学机械除草，并结合人工和机械除草措施。
- 按农艺要求适时喷洒。正确使用农药剂型、剂量和喷药量。实际喷药量和规定喷药量误差<5%。
- 药液喷洒均匀，雾化良好，不漏喷。相邻喷头重复宽度为5～15cm。往复喷洒重复宽度<30cm。
- 药剂除草喷雾作业，杀草率>85%，机械作业伤苗率<1%。

四、田间管理作业技术要点

- 查田补苗。出苗前及时检查发芽情况，如发现粉种、烂芽，要准备好预备苗，出苗后发现缺苗要及时补栽。
- 铲前深松。玉米出苗后，要进行铲前深松或铲前蹚一犁。
- 喷施叶面肥。玉米喷施叶面肥宜在玉米抽雄前3～5天进行，施肥量满足农艺要求。
- 水分管理。应根据旱情和生长的需水规律进行灌水。
- 防治病虫害。丝黑穗病播种前用种衣剂包衣处理，玉米螟采用生物和化学药剂进行防治，在6月中下旬用菊酯类农药或80%敌敌畏乳油喷雾防治黏虫。

五、机械收获作业技术要点

- 种植行距应统一。在种植玉米时，根据玉米收获机的性能特点，应在65 ~ 70cm等行距种植，便于机械作业。
- 种植方式应统一。在同一地块内，平作垄作不交叉，以提高作业质量。
- 待收玉米应满足下列要求：玉米籽粒含水率<30%，茎秆含水率70%左右，植株倒伏率<5%，最低结穗高度>600mm，果穗下垂率<15%。
- 收获地块不得有树桩、水沟、石块等障碍物，土壤含水率应适中(以不陷车为适宜)，并对机组有足够的承载能力。
- 地面坡度<8°。
- 玉米机械化收获应达到如下技术性能指标：果穗落粒损失率<2%，果穗落地损失率<3%，籽粒破碎率<1.5%，茎秆切碎长度<12cm，茎秆切碎长度合格率>90%，割茬高度<15cm，苞叶剥净率>85%，根茬破碎合格率>80%，使用可靠性>90%。

第二节　有害生物全程绿色防控技术

一、防控对象及策略

(一)防控对象

玉米弯孢霉叶斑病、玉米褐斑病、玉米大小斑病、玉米黑穗病、玉米青枯病、玉米粗缩病、玉米穗腐病等

玉米螟、草地贪夜蛾、棉铃虫、黏虫、玉米蚜、玉米蓟马等

(二)防控策略

防控策略

贯彻“预防为主，综合防治”的植保方针和“科学植保、公共植保、绿色植保”的工作理念。

严格执行植物检疫法规，因地制宜，采取农业措施、理化诱控、生态调控、生物防治、科学用药等相结合的综合防控技术。

推广先进的植保机械，统防统治，提高农药的利用率，最大限度地减少化学农药的使用，控制为害病虫，确保农业生产、农产品质量和农业生态环境安全。

二、技术路线

（一）播种期

播种工作

主攻对象是玉米土传、种传、根部病害，传毒昆虫及地下虫，兼顾苗期病虫害，具体包括玉米苗枯病、玉米黑穗病、玉米粗缩病、玉米茎基腐病、蚜虫、蓟马、地下害虫等。

1. 合理布局，轮作换茬

合理布局

一区域避免大面积种植单一玉米品种，保持生态多样性，控制病虫害的发生。

轮作换茬

在玉米茎腐病、玉米黑穗病常发区域和玉米弯孢霉叶斑病等叶斑病严重发生区，可与甘薯、大豆、棉花、马铃薯、向日葵等非寄主作物轮作换茬，尽可能避免连作，防止土壤中病原菌积累，以减轻病害。

2. 清洁田园，深耕改土

清洁田园

及时清除田间地头作物病残体和杂草，铲除病虫栖息场所和寄主植物，结合耕作管理，人工抹卵，捡拾、捕捉害虫，集中消灭。

深耕改土

收割机转场时，清除机具上黏附的秸秆和泥土。收获后及时将秸秆粉碎深翻或腐熟还田，或离田处理，降低翌年病虫基数。

玉米收获附带粉碎

粉碎的玉米秸秆

3. 优选种植模式

农机与农艺相融合	合理轮作套种	种植诱集植物
将常规等行播种模式改为宽窄行种植模式，实行农机与农艺相融合，有利于提高播种质量，预防玉米病虫害的发生，利于大型机械进田作业，有利于两季增产。	实现田间及边缘环境多样化，间作或轮作吸引害虫天敌的其他植物。另外，在田间地头种植、套种蜜源植物，田边地头设草堆，为多食性捕食者提供栖息地，增加田间天敌昆虫种类和数量，阻止害虫发生。	在玉米田边或插花种植棉花、高粱、留种洋葱、胡萝卜、芝麻、大豆等作物，形成诱集带，于盛花期可诱集棉铃虫产卵，集中杀灭。在诱集植物上喷施0.1%的草酸溶液，可提高诱集效果。

4. 精选良种，适期播种

精选良种，适期播种

推广种植抗耐病虫的玉米品种，适期适量播种，避开病虫侵染为害高峰期。早播田起垄，覆膜栽培，均匀下种，减少粗灭茬播种或套种，避开灰飞虱一代成虫从麦田转移为害高峰期，避免粗缩病的发生为害。

5. 科学施肥，及时排灌

科学施肥

推广配方施肥技术，施足基肥，增施磷钾肥，适当补充锌、镁、钙等微肥，提倡施用堆肥或充分腐熟的有机肥。

及时排灌

干旱时适量灌水保持田间湿度，雨后及时排出田间积水，创造有利于玉米生长发育的田间生态环境。

6. 种子处理

种子消毒

细菌性病害发生严重区，在播种前，用新植霉素可湿性粉剂或抗霉菌素水剂，浸种1～2小时，在50℃左右温度下保温，均可消灭种子内部潜藏的细菌。

种子包衣或拌种

每10kg种子用2.5%咯菌腈20ml，或3%苯醚甲环唑40ml+70%噻虫嗪粉剂30g，或50%辛硫磷20ml，或者用戊唑·吡虫啉、噻虫·咯·霜灵、甲霜·戊唑醇等种衣剂进行种子包衣或拌种，防治玉米苗枯病、玉米黑穗病、玉米粗缩病、玉米茎基腐病、玉米纹枯病以及蚜虫、蓟马、灰飞虱、地下害虫等。

对由瓜果腐霉菌和禾谷镰刀菌引起的玉米茎基腐病(青枯病)常发田块可采用细菌拌种、木霉菌拌种或木霉菌穴施配合细菌拌种进行生物防治。

（二）苗期

- 清除杂草和枯枝残叶，减少害虫滋生。
- 合理施肥浇水，适当加大田间湿度，创造不利于害虫发生的田间小气候。
- 结合间苗、定苗，拔除有虫苗或病苗，并带出田外销毁，减少传播为害。
- 雨后或浇水后及时疏松表土，提高地温，破坏甜菜夜蛾等害虫的化蛹场所。

1. 防治灰飞虱、蓟马，预防玉米粗缩病

色板诱杀

利用昆虫的趋色性，在田间悬挂黄色、蓝色或黄绿色粘板，高于玉米顶部30cm左右为宜，每亩需悬挂20～30块，整个生长季节可更换粘虫板2～3次。

保护和利用天敌

避免在天敌的繁殖季节，使用高效低毒农药，保护和利用龟纹瓢虫、蜘蛛、赤眼蜂、草蛉等自然天敌，对玉米蓟马进行种群控制。

生物农药防治

在蓟马的初发期，采用6%乙基多杀菌素1500～2000倍液喷雾，以作物中下部和地表为主，可有效防治多种蓟马。

科学用药

早播玉米田，在2～3叶期，用10%吡虫啉1500倍液、25%吡蚜酮2000倍液均匀喷雾，防治灰飞虱、蓟马等害虫，且预防玉米粗缩病。

2. 防治草地贪夜蛾、二代黏虫、棉铃虫、甜菜夜蛾、二点委夜蛾

灯光诱杀

设置杀虫灯对多种害虫的成虫进行诱杀，能够降低田间落卵量，减少化学农药使用。可以诱杀玉米棉铃虫、二点委夜蛾、黏虫、金龟子、蝼蛄等害虫。

食物诱杀

在田间安放糖醋液杀虫盆、650g/L夜蛾利它素饵剂等食诱剂诱捕器或者喷施食诱剂条带，诱杀黏虫、地老虎、棉铃虫、甜菜夜蛾、金龟子等害虫成虫。

杨树枝或草把诱杀

第二、第三代棉铃虫成虫羽化期，将杨树枝或草扎成伞形，傍晚插摆在田间，可诱杀烟青虫、黏虫、斜纹夜蛾、银纹夜蛾、金龟子等。

性诱剂诱杀

根据玉米田发生的二代黏虫、棉铃虫、甜菜夜蛾田间优势种群情况，放置诱捕器和相应种类昆虫的性诱芯，诱捕成虫。

保护和利用天敌

6月中旬至7月中旬是天敌的发生盛期，此期在使用药剂防治病虫害时，应改进施药方法，选用高效、低毒、低残留、选择性强、对天敌安全或杀伤小的农药品种，减少对天敌的杀伤。

生物农药防治

在害虫卵孵化盛期至低龄幼虫期，每亩用16000IU/mg苏云金杆菌可湿性粉剂50～100g喷雾，防治夜蛾类害虫；或用甜菜夜蛾或棉铃虫核型多角体病毒杀虫剂可湿性粉剂800～1000ml，对水喷雾，隔天喷1次，连喷2次，防治甜菜夜蛾或棉铃虫。

科学用药

每亩可用50%辛硫磷乳油，或40%毒死蜱乳油，或4.5%高效氯氰菊酯乳油，或2.5%溴氰菊酯乳油50ml，或5.7%甲氨基阿维菌素苯甲酸盐10～15g、20%氯虫苯甲酰胺5～10g，均匀喷雾。早晨或傍晚施药效果最好。

（三）大喇叭口期

重点防治玉米螟、棉铃虫、玉米褐斑病、玉米大小斑病、玉米细菌性茎腐病等。

水肥管理

及时合理追肥，严格控制拔节肥；干旱时适量灌水，雨后及时排出田间积水，提高植株抗病力，减轻发病程度。

用杀虫灯、性诱剂、食诱剂诱杀害虫

用法同苗期。

保护和利用天敌

保护和利用瓢虫、草蛉、食蚜蝇、蚜茧蜂、蜘蛛，以及鸟类、蛙类等自然天敌，以防治害虫。

在玉米螟、棉铃虫、黏虫、草地贪夜蛾等害虫成虫始期，田间放置赤眼蜂卵卡，以寄生玉米害虫卵块。一般每亩放置卵卡4～6个，挂在玉米叶片背面，每代1～2次，发生量大时，每代放3次，每隔7～10天一次。

生物农药防治

每亩用每毫升含100亿活芽孢的苏云金杆菌制剂200ml，按药、水、干细沙0.4∶1∶10比例，在玉米心叶中期撒施，也可使用苦参碱、核型多角体病毒杀虫剂、阿维菌素等生物农药防治玉米螟、棉铃虫等。

玉米纹枯病和玉米大小斑病常发田块，在心叶末期到抽雄期或发病初期，每亩喷洒每毫升含200亿芽孢的枯草芽孢杆菌可分散油悬浮剂70～80ml，或用农抗120水剂200倍液，隔10天防治1次，连续防治2～3次。

井冈霉素对由赤霉菌引发的玉米穗腐病具有防治作用，可在玉米大喇叭口期每亩用20%井冈霉素200g制成药土点心叶，或配制药液喷施于果穗上。

科学用药

用辛硫磷乳油，或敌百虫，或毒死蜱，加适量水，拌细沙或细干土，制成颗粒剂，每株施2～3g；或用50000IU/mg的苏云金杆菌可湿性粉剂，或氯虫苯甲酰胺悬浮剂，喷雾防治玉米螟幼虫；用代森锰锌可湿性粉剂，或异菌脲可湿性粉剂，或烯唑醇可湿性粉剂，或多菌灵可湿性粉剂，或吡唑醚菌酯悬浮剂，或肟菌·戊唑醇悬浮剂，喷雾，可防治玉米弯孢霉叶斑病、玉米褐斑病、玉米大小斑病等叶斑类病害。

玉米细菌性茎腐病常发田块，在做好虫害防治的同时，喷洒叶枯灵或叶枯净可湿性粉剂，加瑞毒铜或甲霜灵·锰锌可湿性粉剂，有预防效果。发病初期喷洒菌毒清水剂，或农用硫酸链霉素可溶性粉剂，防效较好。

（四）穗期

重点防治玉米叶斑病类、玉米锈病、玉米穗腐病和棉铃虫、玉米螟、草地贪夜蛾、蚜虫等病虫害。

科学水肥管理

适当增施孕穗肥，适度施用保粒肥，以防后期脱肥。生长后期防止秋季由于降水量过大引起田间积水，要及时排涝，降低田间湿度。创造有利于玉米生长发育的田间生态环境，提高植株抗病力，减轻发病程度。

保护和利用天敌

保护和利用瓢虫、食蚜蝇、蚜茧蜂、蜘蛛，以及草蛉、鸟类、蛙类等自然天敌，以虫治虫。

生物农药防治

在棉铃虫、玉米螟、甜菜夜蛾、草地贪夜蛾等害虫卵孵化初期选择喷施苏云金杆菌、球孢白僵菌、短稳杆菌，以及棉铃虫核型多角体病毒(NPV)杀虫剂、多杀菌素、苦参碱、印楝素等生物农药进行防治。

科学用药

用三唑酮乳油、烯唑醇可湿性粉剂液喷雾，防治玉米弯孢霉叶斑病、玉米大小斑病、玉米锈病、玉米穗腐病等病害；用吡虫啉可湿性粉剂，或吡蚜酮，或抗蚜威可湿性粉剂，喷雾，防治玉米蚜虫、叶蝉；用敌百虫液点滴果穗，或用氯虫苯甲酰胺、氯虫双酰胺，喷雾，防治棉铃虫、玉米螟、甜菜夜蛾等穗部害虫；用苦皮藤素乳油与烯唑醇可湿性粉剂混配组合进行喷雾，对玉米弯孢霉菌丝生长有较强的抑制作用。

（五）收获期

- 在蜡熟前期或中期剥开苞叶，可以改善果穗的透气性，抑制病菌繁殖生长，促进提早成熟。
- 玉米成熟后及时收获剥掉苞叶，充分晾晒或烘干后入仓贮存，避免穗腐病等病害发生。同时玉米收获后及时深耕灭茬，促进病残体腐烂分解。
- 可选用白僵菌对冬季堆垛秸秆内越冬玉米进行处理，每立方米秸秆垛用菌粉100g(每克含孢子50亿~100亿个)，在玉米螟化蛹前喷在垛上。

第三节　现代玉米生产的科学施肥技术

一、玉米高产土壤培肥技术

土壤经过一定时期的利用，肥力就会下降，或者说产生退化。土壤培肥即是通过人工措施对土壤肥力进行调控而使其得以保持和提高的过程，从而改善土壤协调水、肥、气、热的能力，为植物生长发育提供适宜的土壤环境。培肥不单纯是增加或补充植物生长所需的矿质营养，从这个意义上说，施肥并不全等于培肥，它只是培肥综合措施中的一方面。

（一）玉米高产土壤中几种常用的土壤培肥技术

在以玉米秸秆还田为主要措施的土壤培肥过程中，应采取秸秆还田，农家肥、化肥搭配，大、中、微量元素比例协调的施肥方法，开发适用机具，实行深松、碎茬、深翻结合的土壤耕作方法，避免因碎茬、翻入质量低而影响玉米生长。

1. 秸秆粉碎直接还田技术

技术要点

秸秆切碎长度小于5cm的要占90%左右，5～10cm的要占10%左右。增施5%氮肥以调解碳氮比。

2. 根茬还田技术

技术要点

要保证灭茬深度达10～12cm，根茬切碎长度小于5cm的要占80%左右，5～10cm的要占20%左右，漏切率不超过0.5%，同时增施5%氮肥以调解碳氮比。

3. 秸秆微生物发酵快速堆肥技术

处理流程

秸秆粉碎及处理→原料按一定比例混合并接种微生物→保温→翻堆→腐熟保肥。

4. 土壤培肥耕作制

由于玉米秸秆是玉米主产区的主要饲料和燃料，不能全部还田，要合理安排耕作。下面推荐一套以地块为单元的秸秆还田耕作方法，周期为3年，将地块分成3个区组，各区组3年内的耕作方法如表3–1所示。

表3–1　玉米秸秆还田耕作方法

区组	第一年	第二年	第三年
Ⅰ	联合收割机收获，秸秆粉碎还田，机械化深翻整地	收获后，运出秸秆，根茬粉碎还田、深松、压实	收获后，运出秸秆，根茬粉碎还田、深松、压实
Ⅱ	收获后，运出秸秆，根茬粉碎还田、深松、压实	联合收割机收获，秸秆粉碎还田，机械化深翻整地	收获后，运出秸秆，根茬粉碎还田、深松、压实
Ⅲ	收获后，运出秸秆，根茬粉碎还田、深松、压实	收获后，运出秸秆，根茬粉碎还田、深松、压实	联合收割机收获，秸秆粉碎还田，机械化深翻整地

由表3–1可知，采用这种少耕轮翻的耕作方法，每3年全部耕地深翻一遍，灭茬和垄上深松两遍，改善了耕层结构，减少了作业环节，降低了作业成本。从秸秆利用角度

上看，每3年全部秸秆还田一遍，增加了土壤有机质含量，对培肥土壤有重要作用。每年有2/3的秸秆从农田运出，除满足农户燃料需要外，可利用微贮技术，实现秸秆养牛、过腹还田，发展生态农业，促进农业生产的良性循环。

二、玉米高产测土配方施肥技术

测土配方施肥是一种科学的作物施肥管理技术，简单地说，就是在对土壤化验分析、掌握土壤供肥情况的基础上，根据作物需肥特点和肥料释放规律，确定施肥的种类、配比和用量，按方配肥，科学施用。

（一）玉米需肥特点

1. 玉米不同阶段的需肥规律

玉米是一种需肥量大的作物，不同生育期，吸收氮、磷、钾的速度和数量都有差别。

玉米从出苗到拔节

吸收养分不多，一般吸收氮2.5%、有效磷1.12%、有效钾3%。

从拔节期到开花期

玉米生长急剧加速，营养生长和生殖生长同时并进，吸收营养物质速度快、数量多，是玉米需肥的关键时期，此期吸收氮素51.15%、有效磷63.81%、有效钾97%。

从开花到成熟

吸收的速度逐渐缓慢下来，数量也逐日减少，此期吸收氮46.35%、有效磷35.07%。

由于栽培技术和生育时期不同，玉米对氮、磷、钾的吸收规律也有所区别。

春玉米抽穗开花期

吸收了全部所需的钾素，而这时吸收的氮素仅为总氮量的1/2，吸收的磷为总磷量的2/3。

夏播玉米抽穗开花期

吸收了全部所需钾素，吸收氮、磷已达总吸收量的4/5以上。

玉米的施肥应以氮肥为主，配合磷、钾肥。在施好基肥的同时，春播玉米重施“攻穗肥”和“攻粒肥”，夏播玉米重施“拔节肥”，又叫“孕穗肥”。

2. 玉米需肥的关键时期

玉米营养临界期

玉米磷素营养临界期在三叶期，一般是种子营养转向土壤营养时期。

玉米氮素临界期则比磷稍后，通常在营养生长转向生殖生长的时期。临界期对养分需求并不大，但养分要全面，比例要适宜。

玉米营养最大效率期

玉米营养最大效率期是在大喇叭口期，这是玉米养分吸收最快、最多的时期。这期间玉米需要养分的绝对数量和相对数量都最大，吸收速度也最快，肥料的作用也最大。此时肥料施用量适宜，玉米增产效果最明显。

3. 玉米整个生育期内对养分的需求量

养分需求量及比例

玉米生长需要从土壤中吸收多种矿质营养元素，其中，以氮素最多，钾次之，磷居第三位。

一般每生产100kg籽粒需从土壤中吸收纯氮2.2～4.2kg，五氧化二磷0.5～1.5kg，氯化钾15～4kg，氮、磷、钾三者的比例为3.2∶1∶2.7。

（二）玉米施肥方法

1. 基肥

玉米基肥以农家肥为主，配合施用化肥

基肥使用量

一般每亩产量达650kg的地块，施农家肥2m^3，二胺7～10kg，尿素10～15kg，硫酸钾7kg，硫酸锌1kg做底肥，结合整地打垄一次性深施20cm以下。

2. 种肥

种肥可条施，也可穴施

种肥施肥法

化肥做种肥时必须做到种、肥隔离，深施肥更好，深度以10～15cm为宜。

种肥使用量

多采用二胺或氮、磷、钾复合肥做种肥，用量为每亩3.5～7kg。

3. 追肥

玉米追肥以速效氮肥为主

玉米生产追肥

玉米追肥主要以速效氮肥为主，常用硝酸铵、尿素做追肥。在土壤缺磷、缺钾的地块上，早期追施磷、钾肥，对玉米生长发育和提高产量均有明显的效果。追肥用的磷、钾化肥品种有二胺、过磷酸钙、硫酸钾、氯化钾等。

追肥的时期可根据玉米不同生育期的需肥规律，以及当地土壤供肥能力和肥料供应情况而定，群众的经验是“头遍追肥一尺高，二遍追肥正齐腰，三遍追肥出毛毛”。强调要分别在拔节、大喇叭口和吐丝期追肥，以达到攻秆、攻穗和攻粒的目的。

4. 复播玉米的施肥技术

在前茬作物收获后播种玉米，称复播玉米，也叫夏播玉米或晚茬玉米。

复播玉米施肥量

高产田的施肥量，一般每生产50kg籽粒，用氮量1.1～1.25kg，氮磷钾的比例为1∶0.5∶0.7。各期施肥分配比例是磷钾肥的全部和20%氮肥放在苗期施用，80%的氮肥在喇叭口期施入。

苗期肥料的施用方法

可作为种肥，机播时种子和种肥隔开同时施入。

复播时，在播种后出苗前，距播种行10～13cm处开沟施入，或在定苗后，距苗10～13cm处开沟施入，然后浇水松土，灭茬保墒。

第四章
玉米病害田间识别与绿色防控

第一节　玉米大斑病

玉米大斑病　病原为大斑病凸脐蠕孢，属半知菌亚门真菌，是分布较广且为害较重的病害。自20世纪60年代以来，我国各地均有不同程度发生，有的年份流行成灾。

一、田间症状

本病侵害玉米的叶片、叶鞘和包叶，以叶片受害最重。一般先从下部叶片开始发病，逐渐蔓延到上部叶片。叶片上初生青绿色病斑，浸润性扩展，随后发展成为梭形大斑。

青绿色病斑

典型梭形病斑

多数病斑长5～10cm，宽1～2cm，有的病斑更长，甚至纵贯叶片，呈灰褐色或黄褐色，有时病斑边缘褪绿。病斑上可能生有不规则轮纹。两个或多个病斑可连接汇合成不规则斑块，造成叶片干枯。高湿时病斑表面生出灰黑色霉层，为病原菌的分生孢子梗和分生孢子。在叶鞘和苞叶上，可生成长形或不规则形暗褐色斑块，其表面也产生灰黑色霉层。

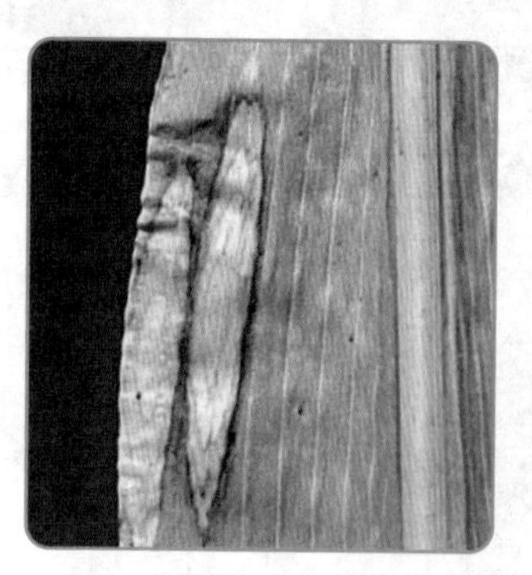

有轮纹的病斑

病斑上生有黑色霉层

苞叶上的病斑

抗病品种叶片上的病斑则有所不同。中度抗病品种的病斑窄条梭形，小而窄，褐色，边缘为黄绿色。在高抗品种的叶片上，仅生褪绿小斑点，后稍扩大，成为窄小梭形斑，黄绿色，有褐色坏死部分，其上不产生或很少产生孢子。

二、发生特点

玉米大斑病的病原菌以休眠菌丝和分生孢子在病株残体上越冬，成为第二年的初次侵染源。在田间侵入玉米植株后，经10～14天，便可在病斑上产生分生孢子。分生孢子随气流传播，进行重复侵染，蔓延扩大。土壤里的病株残体和种子上也有少量病原菌，但都不是主要的侵染来源。

玉米大斑病的流行除与玉米品种感病程度不同有关外，主要取决于环境条件，尤以湿度和温度为重要。

病原菌的分生孢子在20～28℃产生，发病的温度一般在22℃以下。在玉米生长中、后期，多雾或连续阴雨，病害发展迅速，造成严重的产量损失。在15℃，相对湿度小于60%，持续7天以上，病害的发展将受到抑制。

玉米生育中、后期氮肥不足，又遭遇阴雨连绵天气，有利于病害的发展流行。此外，连作地一般发病较重。

三、防治措施

农业防治

玉米大斑病的防治应以种植抗病品种为主，实行合理密植，倒茬轮作，增加土壤肥力，玉米生长中、后期不脱肥和采取必要的药剂防治等综合防治措施，才能取得较好效果。

选用抗病良种。根据当地生理小种的组成，有针对性地选育既抗大斑病兼抗小斑病的优良品种，如中单2号、郑单2号、承单4号、京黄113、掖单12、沈单7号、农大3527和京早10号等。

实行大面积轮作和处理病残体。重病区应实行大面积1年轮作，以玉米秸秆做燃料的地区最好安排在冬、春用完，带病残体沤肥应使其充分腐熟后再使用。

增施基肥，适期分期追肥。做到玉米生长中、后期不脱肥，提高植株抗、耐病能力。

化学防治

用卫福拌种（卫福300ml，对水1.5～2L，拌玉米种100kg），有延缓发病始期、减轻病情、抑制病菌扩展、增加千粒重和保产作用。田间喷药防治可用50%敌菌灵可湿性粉剂500倍液，或75%百菌清300倍液等每隔10天喷1次，共喷2～3次。

第二节　玉米小斑病

玉米小斑病　为我国玉米产区重要病害之一，在黄河和长江流域的温暖潮湿地区发生普遍且严重。一般夏玉米区发生较重，大流行的年份可造成重大损失。

一、田间症状

玉米小斑病从苗期到成熟期均可发生，玉米抽雄后发病重。该病主要为害叶片，也为害叶鞘和苞叶。与玉米大斑病相比，该病叶片上的病斑明显小，但数量多。病斑初为水浸状，后变为黄褐色或红褐色，边缘颜色较深，呈椭圆形、圆形或长圆形。病斑密集时常互相连接成片，形成大型枯斑。病斑多先从植株下部叶片出现，向上蔓延、扩展。叶片病斑形状因品种抗性不同，有以下三种类型。

（1）不规则椭圆形病斑，或受叶脉限制表现为近长方形，有较明显的紫褐色或深褐色边缘。

（2）椭圆形或纺锤形病斑，扩展不受叶脉限制，病斑较大，灰褐色或黄褐色，无明显深色边缘，病斑上有时出现轮纹。

（3）黄褐色坏死小斑点，基本不扩大，周围有明显的黄绿色晕圈，此为抗性病斑。

玉米小斑病叶片为害状

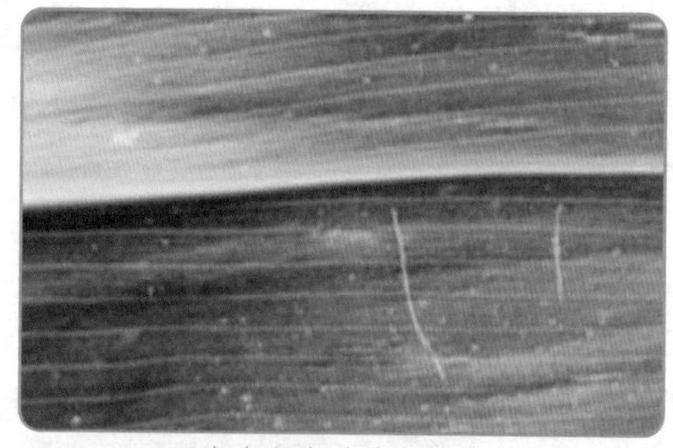

玉米小斑病叶片病斑初期

病斑密集相连成大型枯斑

病斑受叶脉限制为近长方形

二、发生特点

玉米小斑病病菌主要以菌丝体在病残体上越冬，其次是在带病种子上越冬。在适宜温度、湿度条件下，越冬菌源产生分生孢子，随气流传播到玉米植株上，在叶面有水膜的条件下萌发侵入，遇到适宜发病的温度、湿度条件，经5 ~ 7天即可重新产生分生孢子进行再侵染，造成病害流行。在田间，最初在植株下部叶片发病，然后向周围植株水平扩展、传播扩散，病株率达到一定数量后，向植株上部叶片扩展。

该病病菌产生分生孢子的适宜温度为23 ~ 25℃，适于田间发病的日均温度为25.7 ~ 28.3℃。7—8月，如果月均温度在25℃以上，雨日、雨量、露日、露量多的年份和地区，或结露时间长，田间相对湿度高，则发生重。对氮肥敏感，拔节期肥力低，植株生长不良，发病早且重。连茬种植、施肥不足，特别是抽雄后脱肥、地势低洼、排水不良、土质黏重、播种过迟等，均利于该病发生。

三、防治措施

农业防治

①种植抗病品种。因地制宜，选种抗病自交系和杂交品种。

②加强田间管理。玉米收获后，彻底清除田间病残株，减少菌源；摘除下部老叶、病叶，降低田间湿度，减少再侵染菌源；深耕土壤，高温沤肥，杀灭病菌；施足底肥，增施磷肥、钾肥，重施喇叭口肥；及时中耕灌水，增强植株抗病力。

化学防治

可在心叶末期到抽雄期或发病初期，每亩喷洒每毫升含200亿芽孢的枯草芽孢杆菌可分散油悬浮剂70 ~ 80ml，或农用抗生素120水剂200倍液，隔10天防1次，连续防治2~3次。

在玉米抽雄前后开始喷药。可选用70%代森联（品润）水分散粒剂、50%多菌灵可湿性粉剂、75%百菌清可湿性粉剂、80%代森锰锌可湿性粉剂等500倍液喷雾，隔7 ~ 10天喷药1次，共防治2 ~ 3次。用18.7%丙环·嘧菌酯悬浮剂每亩50 ~ 70ml或25%嘧菌酯（阿米西达）1500 ~ 2000倍液，可达到预防和铲除的效果。

第三节　玉米圆斑病

圆斑病　玉米圆斑病是由炭色长蠕孢引起的病害。主要侵染果穗、叶片、苞叶，叶鞘也可受害。玉米圆斑病主要发生在吉林省和河北省。发生时间为玉米生长的中、后期，能够造成较严重的生产损失。

一、田间症状

病菌主要侵染果穗、叶片、苞叶，叶鞘也可受害。果穗受害后引起穗腐，先从穗顶或穗基部的苞叶上发病，向果穗内部扩展，受害玉米籽粒和穗轴变黑凹陷，致果穗变形弯曲，籽粒变黑、干瘪。后期籽粒表面和苞叶上长满黑色霉层，即病菌的分生孢子梗和分生孢子。

叶片上病斑散生，初为水浸状的淡绿黄色小斑点，扩大后呈圆形斑，有同心轮纹，中央淡褐色，边缘褐色，具黄绿色晕圈，大小为（3～13）mm×（3～5）mm。有时出现长条线形病斑，大小为（10～30）mm×（1～3）mm。病斑上着生黑色霉层，苞叶和叶鞘上病斑呈褐色圆形，表面也密生黑色霉层。

圆斑病叶片斑

典型圆斑病病斑

圆斑病苞叶病斑

圆斑病造成果腐

二、发生特点

玉米圆斑病的发生与流行，除与感病的玉米品种有关外，病原菌的越冬菌源及在玉米生育期间菌量积累的速度也是重要的因素。如果苗期发病比较普遍，说明当地存在一定数量的越冬菌源和有适于病原菌滋生扩展的环境条件。苗期到玉米抽雄前后如环境条件均较适合，则病原菌通过多次重复侵染，迅速积累较多的菌量，就可在玉米出穗期间形成大流行，导致产量上的严重损失。春玉米的情况有所不同，一般发病较晚，在前期病害扩展较慢，很难在短时期内积累起大量菌量。而到玉米生长后期，即使病害扩展加快，积累了较大量的菌量，也往往由于玉米已接近成熟，一般不致引起严重损失。

温度和水分条件对玉米圆斑病的发生和流行最为重要。在具备适温的条件下，如再有充足的水分（降雨），病势会迅速发展，很易导致大流行。在我国华北春玉米种植地区，7—8月温度适于玉米圆斑病的发生流行，玉米也正处在拔节出穗阶段，如果降雨日数多，或结露时间长，田间相对湿度大，则往往会引起玉米圆斑病的大流行。

玉米圆斑病一般穗部发病重，所以病菌可在果穗上潜伏越冬。翌年带菌种子的传病作用很大，有些染病的种子不能发芽而腐烂在土壤中，引起幼苗发病或枯死。遗落在田间或秸秆垛上残留的病株也可成为翌年的初侵染源。条件适宜时，越冬病菌传播到玉米植株上，经1～2天潜育萌发侵入。病斑上产生病菌，借风雨传播，引起叶斑或穗腐，可进行多次再侵染。

三、防治措施

农业防治

①应用处理病残体和选用抗病品种等多种措施。在玉米出苗前彻底处理病残体，减少初侵染源。此外，合理密植，增施有机肥，加强栽培管理，重病地块实行轮作换茬，均可减轻玉米圆斑病的发生和危害。目前生产上抗圆斑病的自交系和杂交种，有二黄、铁丹8号、英55、吉69等。

②严禁从病区调种，在玉米出苗前彻底处理病残体，减少初侵染源。

化学防治

在玉米吐丝盛期，即50%～80%果穗已吐丝时，向果穗上喷洒25%三唑酮可湿性粉剂500～600倍液或50%多菌灵、70%代森锰锌可湿性粉剂400～500倍液，隔7～10天喷1次，连续防治2次。对感病的自交系品种，于果穗青尖期喷洒25%三唑酮可湿性粉剂1000倍液或40%福星乳油8000倍液，隔10～15天喷1次，防治2～3次。

第四节 玉米灰斑病

玉米灰斑病 又称尾孢叶斑病、玉米霉斑病，除侵染玉米外，还可侵染高粱、香茅、须芒草等多种禾本科植物。我国首次于1991年在丹东地区报道玉米灰斑病严重危害，随后在辽宁省各地相继发生并严重流行，造成很大损失。玉米灰斑病是近年发展速度很快，为害较严重的病害之一。

一、田间症状

病菌主要侵染叶片和果穗，也侵染叶鞘和苞叶。叶斑初期为水渍状，浅绿色或浅黄色小斑点，逐渐扩大为圆形或椭圆形，病斑中央浅褐色，边缘褐色，略具同心轮纹，大小为（3～13）mm×（3～5）mm，也有叶斑为长条状，大小为（10～30）mm×（1～3）mm。果穗受侵染后，籽粒和穗轴变黑凹陷，籽粒干瘪而形成穗腐。

灰斑病扩展中的病斑

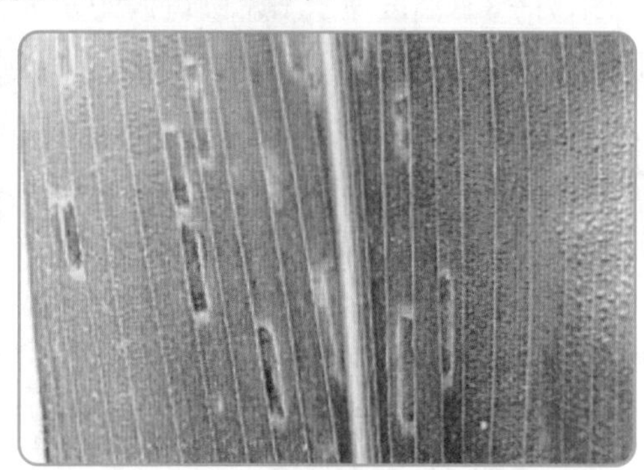

典型矩形病斑

病斑汇合

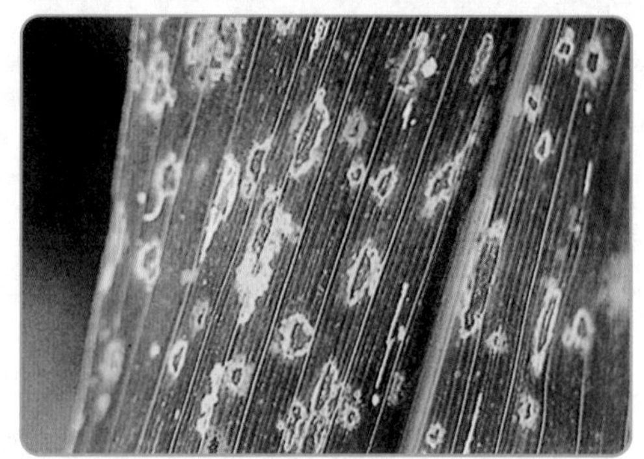

玉米灰斑病叶片为害状

二、发生特点

病原菌在干燥条件下，能够在地表的病残体上安全越冬，在潮湿的地表层下的病残体上不能越冬。地势和种植形式对其发生有较大影响，而播期、种植密度、地势、肥料对玉米灰斑病的影响不大。

玉米灰斑病病菌以菌丝体和分生孢子在玉米秸秆等病残体上越冬，成为第2年的初侵染源。该病较适宜在温暖湿润和雾日较多的地区发生，且连年大面积种植感病品种，是翌年该病大发生的重要条件。该病于6月中下旬初发，开始时脚叶发病；7月缓慢发展，危害至中部叶片；8月上中旬发病加快加重危害；8月下旬、9月上旬由于高温高湿，容易迅速暴发流行，甚至在7天内能使整株叶片干枯，形成农民俗称的“秋风病”。

三、防治措施

农业防治

①种植抗病品种：多数品种具有抗病性。更换抗病品种可以有效控制玉米灰斑病的发生。

②减少菌源：秋收后及时深翻土地，能够有效促进植株病残体的腐烂，减少次年的初侵染源。进行大面积轮作，加强田间管理，雨后及时排水，防止湿气滞留。

化学防治

发病初期喷洒75%百菌清可湿性粉剂500倍液或50%多菌灵可湿性粉剂600倍液、40%克瘟散乳油800～900倍液、50%苯菌灵可湿性粉剂1500倍液、25%苯菌灵乳油800倍液、20%三唑酮乳油1000倍液。在北方地区化学防治最有效的时期是在玉米扬花期左右。

第五节　玉米弯孢霉叶斑病

弯孢霉叶斑病　是20世纪80年代中期以后，随着高感玉米杂交种的推广而发生的玉米新病害，现广泛分布于东北、华北等玉米主产区。病原菌为新月弯孢菌，属于半知菌亚门，丝孢纲，丝孢菌目，暗色菌科，弯孢霉菌属。该菌寄生性较弱，寄主广泛，除玉米外，还常引起水稻、高粱和禾本科牧草等作物发生叶斑病或种子霉烂。

一、田间症状

弯孢霉叶斑病菌主要危害玉米叶片，也可侵染叶鞘和苞叶。病株叶片自下而上相继枯死，果穗瘦小，结实率降低，籽粒不饱满，感病品种减产20%～30%，发病严重的减产50%以上。

病部初生淡黄色半透明小斑点，周边水浸状。成熟病斑多为圆形、椭圆形，也有的为梭形或长条形，依品种而异。病斑直径仅1～2mm，高感病品种病斑可达5mm左右。病斑中央乳白色或黄褐色，周围为较宽的红褐色坏死环带，最外围是较宽的黄色晕圈，半透明。有时多个病斑沿叶脉纵向汇合成为长条形斑块，长可达10mm以上。严重发生时整个叶片满布病斑，造成叶枯。在潮湿条件下，病斑两面产生灰黑色霉层，叶背尤其明显。

玉米弯孢霉叶斑病大田为害状

初期症状为水渍状褪绿斑点

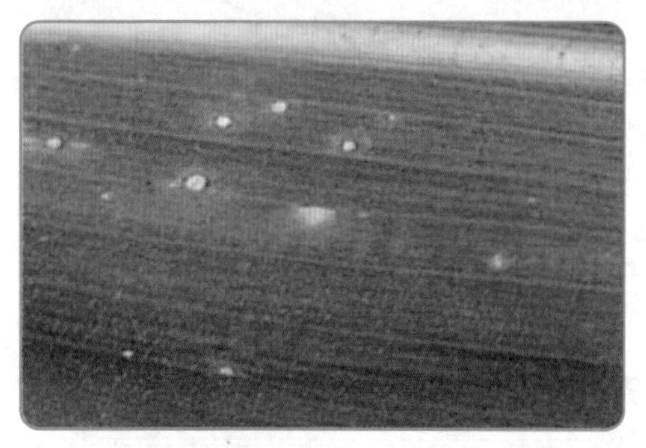
中心枯白色，周围红褐色斑病

外缘具褪绿色或淡黄色晕环斑病

二、发生特点

病菌在病残体上越冬，翌年7—8月高温高湿或多雨的季节利于该病发生和流行。该病属高温高湿型病害，发生轻重与降雨多少、时空分布、温度高低、播种早晚、施肥水平关系密切。生产上品种间抗病性差异明显。高感的自交系和杂交种有黄早4、478、黄野4、黄85等，中感的自交系和杂交种有掖107、E28、掖单2号、反交掖单2、掖单4号、掖单12、掖单13、掖单19、掖单20、西玉3号等。

三、防治措施

农业防治

①选用抗病品种。

②收获后及时清除病株残体，集中焚烧处理；深翻灭茬，减少初侵染菌源；加强栽培管理，施足底肥，增施有机肥，及时追肥，防止后期脱肥；合理排灌，防治田间渍水，抽雄前后水分要供应充足，以保证病株需求，减轻损失；合理密植，改善田间通风透光条件，降低湿度。

化学防治

发病初期及时喷药，可用50%多菌灵可湿性粉剂500倍液，或50%甲基硫菌灵可湿性粉剂600倍液，或40%氟硅唑乳油5000倍液喷雾防治，间隔7～10天后喷第2次药，连续用药2～3次。

第六节　玉米褐斑病

玉米褐斑病　是由玉蜀黍节壶菌侵染所引起的一种常见病害。主要为害果穗以下的叶片、叶鞘。在我国各玉米产区都有发生，通常在南方高温高湿地区危害较重。

一、田间症状

玉米褐斑病发生在玉米叶片、叶鞘、茎秆和苞叶上。叶片上病斑圆形、近圆形或椭圆形，小而隆起，直径仅1mm左右，常密集成行，成片分布。病斑初为黄色，水浸状，后变黄褐色、红褐色至紫褐色。后期病斑破裂，散出黄色粉状物。

茎秆多在节间发病，叶鞘上出现较大的紫褐色病斑，边缘较模糊，多个病斑可汇合形成不规则形斑块，整个叶鞘呈紫褐色腐烂。果穗苞叶发病后，症状与叶鞘相似。

玉米褐斑病茎秆症状

玉米褐斑病叶片症状

玉米褐斑病叶鞘症状

玉米褐斑病苞叶症状

在国外还发现该菌能引起严重的茎腐症状，病株茎基部第一节或第二节黑褐色腐烂，致使病部开裂、折断，病株倒伏。

二、发生特点

我国南方玉米种植区褐斑病发病较重，北方夏玉米栽培区若6月中旬至7月上旬降雨多，湿度高，则发病增多。将玉米秸秆直接还田后，田间地面散布较多病残体，侵染菌源增多，发病趋重。植株密度高的田块，地力贫瘠、施肥不足、植株生长不良的田块，发病都较重。玉米自交系和杂交种间抗病性有明显差异。

黄淮海夏玉米区大面积种植的郑单958、鲁单981等杂交种高度感病。据调查，自交系黄早4、掖478、塘四平头、改良瑞德系等高度感病，用感病自交系组配的杂交种也感病。高感品种连作，土壤中菌量逐年增加，会导致玉米褐斑病的流行。

三、防治措施

农业防治

①生产上应以种植抗(耐)病性强的品种为主。

②加强栽培管理，培育壮苗，增强植株抗病能力。适期早播；合理密植，大穗品种亩种植3500株左右，耐密品种不超过5000株；施足基肥，适时追肥，提倡施用酵素菌沤制的堆肥或充分腐熟的有机肥，一般应在4～5片叶期追施苗肥，每亩可追施尿素或氮磷钾复合肥10～15kg；及时中耕锄草培土，摘除底部2～3片叶，提高田间通透性，及时排出田间积水，降低田间湿度，促进植株健壮生长，提高抗病能力。

③合理轮作和清除田间病茬，减少菌源。有条件的地区，可实行玉米与豆类、花生等作物的轮作；玉米收获后，彻底清除病残体，并深翻土壤，促使带菌秸秆腐烂，减少翌年的侵染菌源。

化学防治

①在玉米4～5片叶时，若种植的品种不抗病，属感病品种，且此时温度高，降雨量大，田间湿度大，光照时间短，适于病害发生，应及早预防。药剂可用25%粉锈宁可湿性粉剂1000～1500倍液，或50%多菌灵可湿性粉剂500～600倍液，或70%甲基托布津可湿性粉剂500～600倍液等杀菌剂进行叶面喷洒，能起到较好的预防效果。

②喷洒药剂时可加入适量的磷酸二氢钾、尿素、双效活力素或其他叶面肥，补充玉米营养，促进玉米健壮生长，提高抗病能力，从而提高防治效果。喷洒药剂时，可结合气候条件，连喷2～3次，间隔7天左右。喷药后6小时内遇降雨应重喷。以苯来特和氧基萎锈灵防治效果好，每公顷可用药1.5kg对水750L叶面喷雾。

第七节　玉米锈病

玉米锈病　是由玉米柄锈菌引起的病害，主要发生在玉米叶片上，也会侵染叶鞘、茎秆和苞叶。主要发生区域为北方夏玉米种植区，在华东、华南、西南等地区也有发生，但一般对生产影响有限。

一、田间症状

玉米锈病主要侵染叶片，严重时也会侵染果穗、苞叶乃至雄花。初期在叶片两面散生，长形至卵形褐色小脓疤。后变黄褐色乃至红褐色的夏孢子堆，在叶两面散生或聚生，椭圆或长椭圆形，隆起，表皮破裂散出锈粉状夏孢子，呈黄褐色至红褐色。后期在叶两面形成冬孢子堆，长椭圆形，后突破表皮呈黑色，长1 ~ 2mm，有时多个冬孢子堆汇合连片，使叶片提早枯死。

玉米锈病症状

玉米锈病侵染叶片

玉米锈病侵染叶片初期

玉米锈病褐色小脓

发病严重时，整张叶片可布满锈褐色病斑，引起叶片枯黄，同时可危害苞叶、果穗和雄花。

二、发生特点

南方型玉米锈病在南方以夏孢子辗转传播、蔓延，不存在越冬问题。北方则较复杂，菌源来自病残体或来自南方的夏孢子及转主寄主酢浆草，成为该病初侵染源。田间叶片染病后，病部产生的夏孢子借气流传播进行再侵染，蔓延扩展。玉米锈病多发生在玉米生育后期，一般危害性不大，但在有的自交系和杂交种上也可严重染病，使叶片提早枯死，造成较重的损失。玉米锈病在相对较低的气温（16～23℃）和经常降雨、相对湿度较高（100%）的条件下，易于发生和流行。

三、防治措施

农业防治

①选育抗病品种，适时播种，合理密植，适度用水，雨后注意排渍降湿。与其他非豆科作物实行2年以上轮作。

②避免偏施氮肥，搭配使用磷钾肥，施用酵素菌沤制的堆肥，适时喷施叶面营养剂，提高寄主抗病力。

③加强田间管理，收获后及时清除田间病残体，带出地外集中烧毁或深埋，深翻土壤，减少土表越冬病菌。深沟高畦栽培，合理密植，科学施肥，增施有机肥和磷钾肥，及时整枝，开好排水沟，使雨后及时排水。

生物防治

据研究，黄粉虫体内提取的抗菌物质对玉米锈病有较好的防治效果，该提取物可开发为生物杀菌剂以替代化学杀菌剂，用于玉米锈病的生物防治。

化学防治

在发病初期开始喷洒25%三唑酮可湿性粉剂1500～2000倍液或40%多·硫悬浮剂600倍液、50%硫磺悬浮剂300倍液、30%固体石硫合剂150倍液、25%敌力脱乳油3000倍液、12.5%速保利可湿性粉剂4000～5000倍液，隔10天左右1次，连续防治2～3次。

第八节　南方玉米锈病

南方玉米锈病　是一种靠气流传播的流行性病害，病原菌夏孢子随风（东南风）远距离传播，在温湿度适宜地方进行多次再侵染，使病株率和病叶率迅速升高，病情逐渐加重，给玉米生产造成较大损失。我国海南、台湾有分布，但近年来北方局部地区也有大面积发生，有向北蔓延的趋势。

一、田间症状

症状与普通玉米锈病相似，但是普通玉米锈病夏孢子堆颜色为锈黄，南方玉米锈病夏孢子堆颜色为橘黄。病原菌侵染后，在叶片上初生褪绿小斑点，很快发展成为黄褐色突起的疱斑，即病原菌夏孢子堆。与普通玉米锈病不同的症状特点主要有，夏孢子堆生于叶片正面，数量多，分布密集，很少生于叶片背面。有时叶背出现少量夏孢子堆，但仅分布于中脉及其附近。夏孢子堆圆形、卵圆形，比普通玉米锈病的夏孢子堆更小，色泽较淡。覆盖夏孢子堆的表皮开裂缓慢而不明显。发病后期，在夏孢子堆附近散生冬孢子堆。冬孢子堆深褐色至黑色，常在周围出现暗色晕圈。冬孢子堆的表皮多不破裂。

南方玉米锈病症状

南方玉米锈病病斑

二、发生特点

玉米品种和自交系间抗病性有明显差异。据陈翠霞等接菌鉴定，自交系齐319高抗，178中抗，107和1145中感，478、9801、丹340、黄早四、黄C、鲁原92等高度感病，郑单14、掖单13、掖单12等品种感病，苏玉9号、丹玉13、苏玉1号等品种发病较轻。

如果种植感病品种利于病害发生。扬花期雨水多，有利于病害流行。在南方沿海地区，这个病害的病原菌在冬季种植玉米的地区越冬。如果冬季温度过暖，病原菌越冬的菌量增大，病害流行的风险增高。在北方地区，夏季降雨发生早的年份，夏孢子来得早，发生病害的风险性就会更高。因为第一次侵染在一个生长季里发生得越早，病害流行的风险就越高。夏天玉米生长季节中降雨量、降雨次数过多，发生这个病的风险会增大。

三、防治措施

参考玉米普通锈病防治方法。

第九节　玉米茎基腐病

玉米茎基腐病　又叫作玉米青枯病，是由几种镰刀菌或腐霉菌单独或复合侵染所引起的一种病害。该病在全国玉米产区均有发生，一般年份发病率为5% ~ 20%。感病植株籽粒不饱满、瘪瘦，对玉米产量和品质影响很大。

一、田间症状

玉米茎基腐病一般从灌浆至乳熟期开始发病，玉米乳熟末期至蜡熟期为显症高峰期。该病严重发生时可导致植株枯死。我们常见的茎基腐病的症状主要是由腐霉菌和镰刀菌引起的青枯和黄枯两种类型。外皮和髓部变软、变褐，呈水渍状，腐烂组织通常有难闻的气味。该病可在任何阶段导致植株过早枯死。

茎基部和支撑根病变

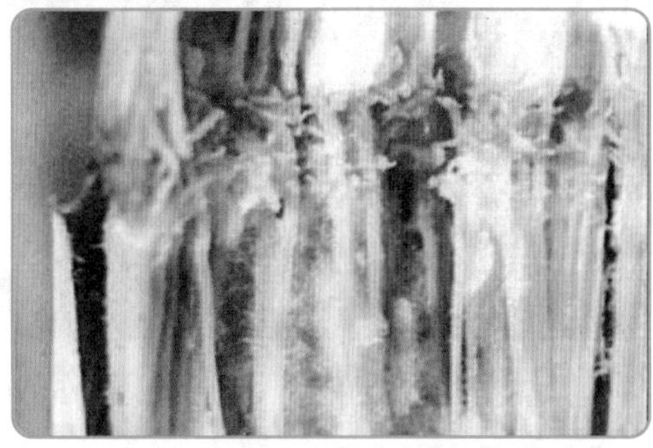

茎秆内部病变

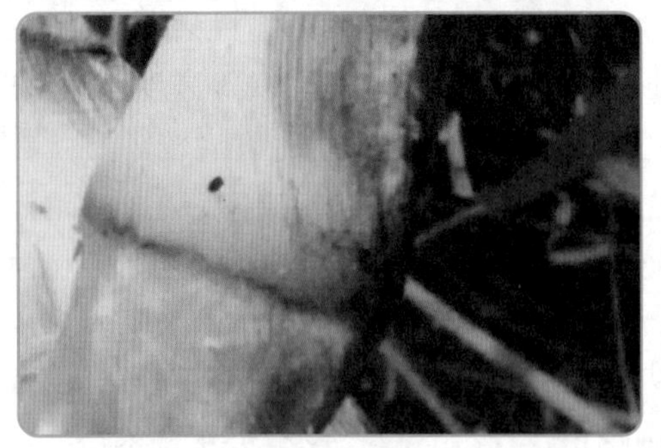

茎秆表面的子囊壳

病株黄枯

二、发生特点

玉米茎基腐病以病株残体、病田土壤和种子带菌为初侵染源。病菌在玉米各生长期均可借雨水由根部经地下害虫或机械造成的伤口侵入，逐步扩展至茎基部。高温多雨、土壤湿度大利于病菌侵染，乳熟至近成熟期雨后骤晴利于发病，玉米连作发病重。

三、防治措施

农业防治

①种植抗病品种，重病区进行轮作倒茬。加强田间管理，适量增施钾肥，排除田间积水，提高作物抗病性。

②苗期穴盘处理。在移栽前一两天，用玉米种衣剂亮盾或艾科盾1500倍液处理苗盘中的玉米苗。

③清洁田园。玉米收获后彻底清除田间病株残体，集中烧毁或高温沤肥，减少田间初侵染来源。

化学防治

重病地块在灌浆期，雨后马上用丁锐可淋施茎基部或者在甜玉米生长的大喇叭口期喷施预防真菌、细菌的药剂，预防为主，防治结合。

第十节 玉米顶腐病

玉米顶腐病 是一种严重影响玉米产量的真菌病害，它在玉米生长的过程中算是一种比较常见的病害，对玉米的叶子造成很大的影响，为害比较严重。此种病害在我国玉米种植区均有不同程度发生。

一、田间症状

玉米顶腐病可在玉米整个生长期侵染发病。可细分为镰刀菌顶腐病、细菌性顶腐病两种情况。苗期侵染表现为植株生长缓慢，叶片边缘失绿，出现黄条斑，叶片畸形、皱缩或扭曲，重病株枯萎或死亡；生长中后期，叶基部腐烂，仅存主脉，中上部完整但多畸形，后生出的新叶顶端腐烂，导致叶片短小、叶尖枯死或残缺不全，叶片边缘常出现似刀削状的缺刻和黄化条纹；成株感病，出现不同程度矮化，顶部叶片短小，组织残缺或皱褶扭曲，茎基部节间短，常有似虫蛀孔道状开裂，纵切面可见褐变，轻度感病植株后期可抽雄结穗，但雌穗小，多不结实。感病植株根系不发达，主根短，根毛多而细呈绒状，根冠腐烂褐变。田间湿度大时，病部出现粉白色霉状物。玉米顶腐病症状表现复杂多样，某些症状特点与玉米生理病害、虫害及玉米丝黑穗病的苗期症状有相似之处，易于混淆，因此在诊断识别和防治中应特别注意。

玉米顶腐病菌除侵染玉米外，还侵染高粱、苏丹草、谷子、小麦、水稻、珍珠粟等禾本科植物，以及狗尾草和马唐草等杂草。玉米顶腐病为土壤习居菌，种子可带菌远距离传播，病菌兼有系统侵染和再次侵染的能力，与玉米其他病害相比，玉米顶腐病的危害损失更重。

叶缘黄化条纹

叶尖腐烂并形成缺刻

叶片卷裹直立呈长鞭状

雄穗呈褐色腐烂状

二、发生特点

夏季高温高湿有利于病原菌的传播，特别是在喇叭口期遇到持续高温易发生病害，病原菌一般从伤口或茎节、心叶等幼嫩组织侵入，虫害尤其是蓟马、蚜虫等的为害会加重病害发生。雨后或田间灌溉后，低洼或排水不畅的地块发病较重。

镰刀菌顶腐病：在玉米苗期至成株期均表现症状。植株常矮化，剖开茎基部可见纵向开裂，有褐色病变；重病株多不结实或雌穗瘦小，甚至枯萎死亡。

细菌性顶腐病：在玉米抽雄前均可发生。典型症状为心叶呈灰绿色失水萎蔫枯死，形成枯心苗或丛生苗；叶基部水浸状腐烂，病斑不规则，褐色或黄褐色，腐烂部有黏液；严重时用手能够拔出整个心叶，轻病株心叶扭曲不能展开；多出现在雨后或田间灌溉后，低洼或排水不畅的地块发病较重。

三、防治措施

农业防治

①选用抗（耐）病品种。玉米品种间对顶腐病抗性存在明显差异。一般来说，玉米

杂交种的抗病性强于自交系。一些玉米自交系，如M017、掖107和齐319等表现出良好的抗性，各地可因地制宜选择种植对玉米顶腐病抗性好的品种。

②减少菌源。施用农家肥时应充分腐熟，阻断粪肥带菌途径，减少发病；建立无病留种田，降低种子带菌率和病害发生率；田间发现病株及时拔出，带出田外集中处理，减少和消灭初侵染来源。玉米收获后及时深翻灭茬，促进病残体分解，抑制病原菌繁殖，减少土壤中病原菌种群数量，减轻病害的发生。

③剪除病叶。对玉米心叶已扭曲腐烂的较重病株，可用剪刀剪去包裹雄穗以上的叶片，以利于雄穗的正常吐穗，并将剪下的病叶带出田外深埋处理。

④科学栽培管理。适时播种，避免播种过早，地温低延迟出苗，增加病菌侵染概率。精细整地，保持良好的土壤墒情，促进幼苗早出土、快出土，减少病菌侵染机会，减轻病害发生程度。合理施肥，增施磷、钾肥，防止偏施氮肥，保持土壤肥力平衡，提高玉米抗病能力，减轻发病程度。防治地下害虫，减少害虫以及其他根部病害侵染造成的伤口，可明显地减轻发病。

化学防治

①种子处理。播种前用25%三唑酮可湿性粉剂按种子重量0.2%拌种，12.5%烯唑醇可湿性粉剂按种子重量0.2%拌种，可兼防玉米丝黑穗病。也可用75%百菌清可湿性粉剂，或50%多菌灵可湿性粉剂，或80%代森锰锌可湿性粉剂等，以种子量的0.4%拌种。

②生长期喷药。在发病初期可用50%多菌灵可湿性粉剂500倍液，或80%代森锰锌可湿性粉剂500倍液喷施，有一定的防治效果。

第十一节 玉米疯顶病

玉米疯顶病 也叫玉米疫霉病，在整个生育期都可发病，是影响玉米生产的潜在危险性病害。近年来，由于制种基地的相对集中，引种的频繁，该病有进一步扩大蔓延的趋势，在河南、河北、山东、江苏、四川、湖北、辽宁等省均有发生。

一、田间症状

典型症状发生在抽雄后，有多种类型：全部雄穗异常增生，正常的花序全部或部分成为变态的小叶，小叶簇生，变态叶状花序扭曲皱缩成一团或小穗呈疯顶状，似“刺猬”，不能产生正常雄花；雌穗变态也常见，受侵染后，表面看果穗较正常，但果穗粗长，苞叶皱缩增厚，苞叶尖变态为小叶并呈45°角簇生；穗轴粗细不均，多数病株节间缩短、矮化，果穗畸形，无花丝，重者果穗内部全为苞叶，穗成多节茎状，整个果穗呈“竹笋”

状，不结实，严重影响玉米产量和品质；上部叶和心叶紧卷，严重扭曲成不规则团状或牛尾巴状，植株抽不出雄；植株轻度或严重矮化，上部叶片簇生，叶鞘呈柄状，叶片变窄，有的病株疯长，头重脚轻，易折断。

早期病株叶片

雄穗小花叶化

雄穗苞叶端部小叶状

雌穗叶化

二、发生特点

玉米疯顶病是一种土传病害，田间因降雨或灌溉造成积水，病害就会发生。因为病菌是以卵孢子在淹水条件下萌发产生游动孢子侵入寄主，多雨年份及低洼积水田地较易发病。种子也是传病的一个重要途径。玉米种植密度过大，通风透光不良，重茬连作，也会造成病菌积累发病重。另外，发病与品种也有关系，通常马齿品种比硬粒品种抗病。

三、防治措施

农业防治

①适期播种，播种后严格控制土壤湿度，5叶期前避免大水漫灌，及时排除降雨造成的田间积水，拔除田间病株，集中烧毁或高温堆肥。收获后彻底清除并销毁田间病

残体，深翻土壤，控制病菌在田间扩散。轮作倒茬，与非禾本科作物轮作，如豆类、棉花等。

②加强田间管理，发现病株后及时拔除并带出田间销毁，以防病情蔓延。对呈牛尾巴状的病株可用小刀划开扭曲部分，促使其抽穗。玉米收获后彻底清除并销毁病残体，铲除田边寄主杂草，深翻土壤，减少田间病菌量，以防病菌在田间扩散。

化学防治

发病初期，可亩用60%灭克锰锌可湿性粉剂80～120g，对水50L均匀喷雾，或用90%三乙磷酸铝可湿性粉剂400倍液，或用64%恶霜灵可湿性粉剂500倍液喷雾防治。也可用50%瑞毒霉100g，对水100L喷雾防治，或用1∶1∶150的波尔多液，隔7天喷1次，连喷2次。

第十二节 玉米瘤黑粉病

玉米瘤黑粉病 是一种世界性玉米病害，在我国一般多为零星发生。一般苗期发病较少，抽雄后迅速增多，受害组织因受病原菌刺激而肿大成瘤。拔节前后，叶片上开始出现病瘤，多在叶片中肋的两侧发生，有时在叶鞘上也可发生。茎节上出现大瘟时，植株茎秆多扭曲，生长受阻，早期受害时果穗小，甚至不能结穗。

一、田间症状

玉米瘤黑粉病是局部侵染性病害，在玉米的整个生育期间随时发生，但一般苗期发病较少，抽雄后迅速增多，凡是植株地上幼嫩组织和器官，如茎、叶、花、雄穗、果穗和气生根等都可受害。受害组织因受病原菌刺激而肿大成瘤。病瘤表面呈白色、淡红色，以后变为灰白色至灰黑色的薄髓。最后外膜破裂，散出黑褐色粉末（病原菌的厚垣孢子）。病瘤的大小差异悬殊。通常叶片和叶鞘上的瘤较小，直径仅1～2cm或更小，一般不产生或仅产生少量黑粉。茎节上和穗上病瘤较大，有的直径可达15cm。同一植株上往往多处生瘤或同一部分数个病瘤聚成一堆。雄穗的部分小花感病长出囊状或角状的小瘤，常数个聚集成堆。雄穗轴上也产生病瘤。雌穗受侵多在雌穗的上半部，仅个别小花受侵产生病瘤，其他仍能结实，偶有整个雌穗被害而不结实的。病瘤一般较大，生长很快，突破苞叶而外露。尚未抽出的果穗受害后，病瘤可突破叶鞘外露。通常田间最早出现病瘤的是植株的茎基部，此时玉米株高30cm左右，病株扭曲皱缩，叶鞘及心叶破裂紊乱，拔起后可见茎基部有病瘤，严重时植株枯死。这种病苗往往不被注意。

叶片肿瘤

茎秆肿瘤

果穗肿瘤

株顶肿瘤

二、发生特点

玉米在抽雄前后对肥水的反应非常敏感，这时如遇干旱，又不能及时灌溉，常造成玉米生理干旱，膨压降低，削弱了玉米抗病力，这时如有数小时微雨或多雾多露，则有利孢子萌发侵染，加重发病。前期干旱，后期多雨，或旱湿交替出现，也有利于此病的发生。连作、高肥密植时往往发病较重。

农家种、自交系和杂交种之间抗病性有明显差异。一般耐旱的和果穗苞叶长且包得紧的较抗病，反之，则较感病。甜玉米较感病，马齿型玉米较抗病，早熟种较晚熟种发病略轻，杂交种由于杂种优势抗病性比亲本自交系高。

玉米不同器官抗病性不一致。营养器官和雄穗的抗病性往往一致，而果穗则可以不同，分为四种类型：全部器官都抗病；全部器官都感病；营养器官和雄穗抗病，果穗感病；营养器官和雄穗感病，果穗抗病。

三、防治措施

农业防治

①种植抗病品种。一般耐旱品种较抗病，马齿型玉米较甜玉米抗病，早熟种较晚

熟种发病轻。

②加强农业防治。早春防治玉米螟等害虫，防止造成伤口。在病瘤破裂前割除深埋。秋季收获后清除田间病残体并深翻土壤。实行3年轮作。施用充分腐熟的有机肥。注意防旱，防止旱涝不均。抽雄前适时灌溉，勿受旱。采种田在去雄前割净病瘤，集中深埋，不可随意丢弃在田间，以减少病菌在田间传播。

第十三节 玉米细菌性茎腐病

玉米细菌性茎腐病 是由菊欧文氏菌玉米致病变种引起的病害，主要为害中部茎秆和叶鞘。病害主要分布在江苏、河南、山东、四川、广西等地。

一、田间症状

初期在玉米叶有10多片时，玉米叶鞘呈现水渍状腐烂，病组织开始软化并散发恶臭味。而叶鞘上的病斑呈边缘浅红褐色不规则形，在病健组织交界处水渍状尤为明显。当湿度增大时，病斑向上下扩散。当干燥时扩展缓慢，但病部容易折断，造成不能抽穗或结实。严重时玉米病株在发病后3～4天病部以上倒折，并溢出黄褐色腐臭菌液。

水浸症状

为害茎秆和叶鞘

茎秆髓组织分解折断状

叶鞘边缘病斑

二、发生特点

病菌可能在土壤中病残体上越冬，翌年从植株的气孔或伤口侵入。玉米60cm高时组织柔嫩易发病，害虫为害造成的伤口利于病菌侵入。此外，害虫携带病菌同时起到传播和接种的作用，如玉米螟、棉铃虫等虫口数量大则发病重。高温高湿利于发病；均温30℃左右，相对湿度高于70%即可发病；均温34℃，相对湿度80%扩展迅速。地势低洼或排水不良，密度过大，通风不良，施用氮肥过多，伤口多发病重。轮作，高畦栽培，排水良好及氮、磷、钾肥比例适当的地块植株健壮，发病率低。

三、防治措施

农业防治

①选抗病品种，种子包衣处理，合理密植。

②清除田间病株残体，实行深翻和轮作。实行玉米与其他非寄主作物轮作，防止土壤病原菌积累。

③合理施肥。玉米拔节期或孕穗期增施钾肥或磷氮肥。

化学防治

发病初期用77%氢氧化铜可湿性粉剂600倍液或农用链霉素4000～5000倍液喷雾。

第十四节　玉米粗缩病

玉米粗缩病　是一种世界性的病毒性玉米病害，以带毒灰飞虱传播病毒，是我国玉米产区的主要病害之一，亦是我国北方玉米生产区流行的重要病害。该病害具有毁灭性，一般田块产量损失40%～50%，发病较重的田块产量损失在80%以上，严重的田块几乎毁种绝收。

一、田间症状

幼苗受害：叶色浓绿，根系少，节间粗短、矮化，心叶不能正常展开，簇生，苗矮，类似生姜叶片。

成株期感病：植株下部膨大，节间缩短，植株矮化，粗壮，叶背、叶鞘及苞叶的叶脉上具有粗细不一的蜡白色条状突起，用手触摸有明显的粗糙不平感，谓之“脉突”。9～10叶期，植株严重矮化，病株高度不到健株一半，个别雄穗虽能抽出，但分枝极少；雌穗短，花丝少，畸形，严重时不能结实。少数结棒的穗上只有稀稀的几十粒玉米，且发育不健全，参差不齐。根和茎部维管束肿大，雨后常出现急性凋萎型病株。大田中有单株发病和群体发病相结合的特点。

植株矮化

节间缩短

出现病症的玉米地

植株严重矮化

二、发生特点

感病品种种植面积大，种子及土壤中残留寄生病源，田间湿度大，温度在20～35℃，灰飞虱虫口密度大时，病情加重发生，且有传染蔓延趋势。春夏高温干旱有利于病害蔓延流行，品种间抗性有明显差异。水肥不足，有机肥施入偏少，植株生长不良，免疫力减弱，也有利于发病。

三、防治措施

农业防治

①种植抗病和耐病品种。不同品种对粗缩病的抗病性或耐病性表现有差异，应种植在当地表现抗病或耐病的品种。

②病区应控制玉米、小麦套作种植面积，减少飞虱在小麦田大量繁殖然后迅速迁飞进玉米田传病的概率。调整玉米播期，使玉米的易感期（4～5叶）与灰飞虱成虫迁飞期错开。

③加强田间管理，及时清除田间和地头的杂草，减少害虫滋生地。

化学防治

在病害重发区，于玉米播种前或出苗前在相邻的麦田和田边杂草地喷施杀虫剂，能够有效减少灰飞虱的数量。选用含呋喃丹等杀虫剂的种衣剂进行玉米种子包衣，以减轻出苗后飞虱的危害。

第十五节　玉米纹枯病

玉米纹枯病　在我国玉米种植区普遍发生。随着玉米种植面积的扩大和高产密植栽培技术的推广，该病发展蔓延较快，为害日趋严重。该病主要发生在玉米生长后期，为害玉米植株近地表的茎秆、叶鞘甚至雌穗，常引起茎基腐败，输导组织破坏，影响水分和营养的输送，因此常造成严重的经济损失。

一、田间症状

玉米纹枯病主要为害叶鞘，其次是叶片、果穗及苞叶。发病严重时，能侵入坚实的茎秆，但一般不引起倒伏。最初茎基部叶鞘发病，后病菌侵染叶片，向上蔓延。发病初期，叶鞘先出现水渍状灰绿色的圆形或椭圆形病斑，逐渐变成白色至淡黄色，后期变为红褐色云纹斑块。叶鞘受害后，病菌常透过叶鞘为害茎秆，形成下陷的黑褐色斑块。发病早的植株，病斑可以沿茎秆向上扩展至雌穗的苞叶并横向侵染下部的叶片。湿度大时，病斑上常出现很多白霉，即菌丝和担孢子。温度较高时或植株生长后期，不适合病菌扩大为害，即产生菌核。菌核初为白色，老熟后呈褐色。当环境条件适宜，病斑迅速扩大发展，叶片萎蔫，植株似开水烫过一样呈暗绿色腐烂而枯死。

叶鞘早期症状

叶鞘白色病斑

叶鞘红褐色云纹状病斑

雌穗苞叶

幼嫩白色菌核

病株萎蔫似开水烫过

二、发生特点

玉米纹枯病属于土传病害，菌核遗留在土壤中，以菌丝、菌核在病残体上越冬。菌核萌发产生菌丝或以病株上存活的菌丝接触寄主茎基部而入侵，表面形成病斑后，病菌气生菌丝伸长，向上部叶鞘发展，病菌常透过叶鞘为害茎秆，形成下陷的黑色斑块。湿度大时，病斑长出许多白霉状菌丝和担孢子，担孢子借风力传播造成再次侵染。病菌可通过表皮、气孔和自然孔口三种途径侵入寄主，其中以表皮直接侵入为主。

该病是靠接触蔓延、短距离传染的病害。病害流行与气候、品种、种植密度、肥水条件和地势等因素有关，其中气候因素对该病的发展有重要影响。该病发生的最低温度为13 ~ 15℃，最适温度为20 ~ 26℃，最高温度为29 ~ 30℃。病害发生期内，雨水多、湿度大，病情发展快，而少雨低湿则明显抑制病害发展。玉米苗期很少发病，喇叭口期至抽雄期是发病始期，抽雄期病害开始扩展蔓延，灌浆至成熟期发展速度逐渐增快，是该病为害的关键时期。

三、防治措施

农业防治

①加强田间栽培管理。选用抗病或耐病品种；减少田间菌源；重病田块实行轮作倒茬，避免重茬、迎茬种植；清除田间病株残体，集中烧毁，深翻土壤，消除菌核；选择适当的播期，避免病害的发生高峰期（孕穗到抽穗期）与雨季相遇；发病初期，摘除病叶；合理密植，或高矮秆作物间作套种、宽窄行种植，注意田间通风透光；田间开沟排水，降低湿度；增施有机肥，实行配方施肥，避免氮肥施用过量，以提高植株的抗病能力。

②生物防治。发病早期，每亩用16%井冈霉素可溶粉剂50 ～ 60g，或井冈霉素·蜡芽菌悬浮剂20 ～ 26g，或每毫升含200亿芽孢枯草芽孢杆菌可分散油悬浮剂70 ～ 80ml，对水50L喷雾，隔7 ～ 10天再喷1次。

化学防治

①种子处理。浸种灵按种子重量的0.02%拌种后堆闷24 ～ 48小时再播种，或用2%戊唑醇悬浮种衣剂进行拌种处理。

②药土法。在发病初期，每亩用5%的井冈霉素可湿性粉剂200g拌入过筛灭菌细土20kg，点入玉米喇叭口内。

③喷雾防治。发病早期防治效果好，重点防治玉米茎基部，保护叶鞘，喷药前将已感病的叶片及叶鞘剥去。每亩用30%苯甲·丙环唑乳油10 ～ 20g，15%井冈霉素·三唑酮可湿性粉剂100 ～ 130g，对水50L喷雾。

第十六节　玉米穗腐病

玉米穗腐病　又称赤霉病、果穗干腐病，为多种病原菌侵染引起的病害。我国各玉米产区都有发生，特别是多雨潮湿的西南地区发生严重。引起穗腐病的黄曲霉菌可产生有毒代谢产物黄曲霉毒素，对人、家畜、家禽健康有严重危害。

一、田间症状

该病发生时玉米雌穗及籽粒均可受害，被害雌穗顶部或中部变色，并出现粉红色、蓝绿色、黑灰色或暗褐色、黄褐色霉层，即病原菌的菌丝体、分生孢子梗和分生孢子，可扩展到雌穗的1/3 ～ 1/2处，多雨或湿度大时可扩展到整个雌穗。病粒无光泽、不饱满、质脆、内部空虚，常为交织的菌丝所充塞。雌穗病部苞叶常被密集的菌丝贯穿，黏结在一起贴于雌穗上不易剥离。仓储玉米受害后，粮堆内外则长出疏密不等、不同颜色的菌丝和分生孢子，并散出发霉的气味。

蓝绿色霉层病穗

黄褐色霉层病穗

雌穗为害状

不同颜色的菌丝和分生孢子

二、发生特点

玉米穗腐病病菌在种子、病残体上越冬。病菌主要从伤口侵入，分生孢子借风雨传播。温度在15 ~ 28℃，相对湿度在75%以上，有利于病菌的侵染和流行；玉米灌浆成熟阶段遇到连续阴雨天气，发生严重；高温多雨以及玉米虫害发生偏重的年份，穗腐病和粒腐病发生较重。玉米粒没有晒干，入库时含水量偏高，以及贮藏期仓库密封不严，库内温度高，也利于各种霉菌蔓延，引起玉米粒腐烂或发霉。

花丝多、苞叶长而厚、穗轴含水量高、籽粒排列紧密、水分散失慢的玉米品种易感病，花丝少、苞叶薄、雌穗顶部籽粒外露、收获前雌穗已成熟下垂、雨水不易淋入的品种抗病性较强，地膜覆盖和适期早播的地块发病轻。

三、防治措施

农业防治

①选用抗病品种。玉米品种对穗腐病有明显的抗病性差异，果穗苞叶紧、不开裂的品种一般发病较轻。表现较好的杂交种，种植后有一定的抗病性。

②减少田间菌源。收获时清除病穗，减少来年田间侵染源；连年发病严重的重病田应实行轮作制度，避免病菌连年积累。

③适期早播，合理密植。适期早播，促进早熟；控制种植密度，紧凑型品种适宜种植密度为每亩5000 ~ 5500株，中间型品种适宜种植密度为每亩4500株左右。

④加强栽培管理。与矮棵作物间作，改善田间通风透光条件，降低湿度；合理施肥，玉米拔节或孕穗期增施钾肥或氮、磷、钾肥配合施用，防止后期脱肥，增强抗病力。在蜡熟前期或中期剥开苞叶，可以改善果穗的透气性，抑制病菌繁殖生长，促进提早成熟。

⑤加强贮藏管理。成熟后要及时采收，剥掉苞叶充分晒干，或脱粒后烘干，入仓贮存，避免储粮中的病菌污染；也可以将玉米果穗挂成串晒在通风的地方，可以防止果穗受热而发病或病情进一步扩展。

化学防治

①井冈霉素对由赤霉菌引发的玉米穗腐病具有较强的防治作用，可在玉米大喇叭口期每亩用20%井冈霉素200g制成药土点心叶，或配制药液喷施于果穗上。链霉菌对玉米种子所携带的多种病菌有较好的抑制作用。木霉制剂和酵母菌胞壁多糖对防治穗腐病具有一定的效果。

②种子处理。播种前把种子放在强光下晒2 ~ 3天，进行杀菌消毒，或用2%福尔马林200倍液浸种，然后每10kg种子用2.5%咯菌腈悬浮种衣剂20ml加3%苯醚甲环唑悬浮种衣剂40ml进行包衣或拌种。

③生长期治虫防病。注意防治玉米螟、棉铃虫和其他虫害，减少伤口侵染的机会；在玉米收获前15天左右，结合剥苞叶，可用50%多菌灵可湿性粉剂或50%甲基硫菌灵可湿性粉剂500 ~ 1000倍液对果穗定向喷雾。

第十七节　玉米红叶病

玉米红叶病　又叫玉米黄矮病，属于媒介昆虫蚜虫传播的病毒病，主要发生在我国甘肃省，在陕西、河南、河北等地也有发生。该病主要为害麦类作物，也侵染玉米、谷子、糜子、高粱及多种禾本科杂草。在玉米红叶病重发生年，对生产有一定影响。

一、田间症状

从下部叶片先发病，多由叶尖沿叶缘向基部变紫红色，个别品种金黄色，病叶光亮，质地略硬。发病早的植株矮小，茎秆细弱，叶片狭小。

病害初发生于植株叶片的尖端，在叶片顶部出现红色条纹。随着病害的发展，红色条纹沿叶脉间组织逐渐向叶片基部扩展，并向叶脉两侧组织发展，变红区域常常能够扩展至全叶的1/3 ～ 1/2，有时在叶脉间仅留少部分绿色组织，发病严重时引起叶片干枯死亡。

为害叶片

茎秆细瘦、叶片狭小

为害植株

叶片干枯

二、发生特点

病毒经麦二叉蚜、禾谷缢管蚜、麦长管蚜、麦无网长管蚜及玉米缢管蚜等进行持久性传毒。16 ~ 20℃时，病毒潜育期为15 ~ 20天，温度低，潜育期长，25℃以上隐症，30℃以上不显症。麦二叉蚜在病叶上吸食30分钟即可获毒，在健苗上吸食5 ~ 10分钟即可传毒。获毒后3 ~ 8天带毒蚜虫传毒率最高，可传20天左右。以后逐渐减弱，不终生传毒。刚产若蚜不带毒。

发病程度与麦蚜虫口密度有直接关系。有利于麦蚜繁殖的温度，对传毒也有利，病毒潜育期较短。该病流行与毒源基数多少有重要关系，如自生苗等病毒寄主量大，麦蚜虫口密度大，易造成黄矮病大流行。另外，该病发生与本品种灌浆快慢有关，当大量合成的糖分因代谢失调不能迅速转化则变成花青素，绿叶变红。在玉米灌浆期若遇低温、阴雨，则叶片变红。

三、防治措施

农业防治

①因地制宜选育抗病、耐病品种。

②适期播种，合理密植，病害严重发生地区，不要在黏湿土质田块种植。

③加强肥水管理，增施磷、钾肥，以提高植株抗病力；疏松土壤，灌排结合。

④前茬作物收获后及时深耕灭茬，施用充分腐熟的农家肥，及时清除田内及周围杂草，以控制玉米红叶病的蔓延。

化学防治

科学用药防蚜控病。小麦玉米连作田要搞好麦田黄矮病和麦蚜的防治，减少侵染玉米的毒源和介体蚜虫，可有效减轻玉米红叶病的发生。

及时防治蚜虫是预防黄矮病流行的有效措施。甲拌磷原液100～150g加3～4L水拌玉米种50kg，也可用种子量0.5%灭蚜松或0.3%乐果乳剂拌种，逐步取代甲拌磷。喷药用40%乐果乳油1000～1500倍液或50%灭蚜松乳油1000～1500倍液、2.5%功夫菊酯或敌杀死、氯氰菊酯乳油2000～4000倍液、50%对硫磷乳油2000～3000倍液。

第十八节　玉米全蚀病

玉米全蚀病　为玉米土传病害，苗期染病时症状不明显，抽穗灌浆期地上部开始出现症状，初叶尖、叶缘变黄，逐渐向叶基和中脉扩展，后叶片自下而上变为黄褐色。是近年来在辽宁、山东等省新发现的玉米根部土传病害，严重威胁玉米生产。

一、田间症状

全蚀病菌在玉米苗期和成株期均能侵染，在苗期主要从胚根侵入，危害种子根基部或从根尖、根部侵染，不断向次生根系蔓延，轻者被害根系变栗色至黑褐色，重者种胚或种子根变色，根皮坏死、腐烂。由于玉米次生根不断再生，根系比较发达，所以苗期仅根部发病，而地上部一般不表现症状。在成株期，植株下部叶片开始变黄，逐渐向叶基和叶中肋扩展，叶片呈黄绿条纹，最后全部叶片变褐色干枯。严重时茎秆松软，根基腐烂，易折断、倒伏。拔出病株可见根部变栗褐色，须根毛大量减少。如果雨水较多，病根扩展迅速，甚至根系全部腐烂，造成整个植株早衰、死亡。在植株生育后期，菌丝在根皮内集结，呈现“黑膏药”状和“黑脚”症状。根基或茎节内侧可见黑色小点，即全蚀病菌有性阶段的子囊壳。

病株

病株黑根症状

皮层坏死腐烂

"黑脚"症状

二、发生特点

玉米全蚀病菌主要以菌丝在土壤里的病根茬组织内越冬，有的是以子囊壳、菌丝结在茎节上越冬，成为翌年的初侵染源。病根茬在土壤里至少能存活3年，而留在地表或室外的病根茬土上的病菌存活能力相对差一些。

玉米全蚀病菌主要从幼苗种子根、种脐、根尖、根段部位侵入，从苗期到灌浆、乳熟期均能侵染发病，但主要集中在生育前期5—6月。病菌侵入后沿着根皮上下纵横扩展，产生纤细的侵染菌丝，穿透寄主根表皮进入皮层，在侵入的细胞内形成菌丝垫。病菌向深层细胞侵染时，寄主组织可形成一种抗性结构——木质管鞘。

气候因素与该病的发生发展关系密切。在玉米生育期中，湿度是决定发病程度的重要因素，尤其是遇上多雨的年份则发病严重。玉米灌浆乳熟期遇上高温干旱，促使玉米的光合、蒸腾和呼吸作用加强，导致玉米植株生理上未熟先衰。后期如遇上多雨天气更适合全蚀病菌寄生扩展，加速根系坏死腐烂，进一步加速地上部早衰枯死。目前尚缺少抗病品种，各品种间抗性差异显著。

土壤质地、地势与发病关系密切。全蚀病菌是好气性真菌，所以在砂土、壤土上发病重。洼地重于平地，平地重于坡地，这与土壤湿度密切相关。

施农家肥越多，发病越轻。施用适量氮肥有减轻发病作用。合理施用氮、磷、钾肥防病增产效果明显，尤其要注意施用适量钾肥。

三、防治措施

农业防治

①玉米全蚀病是土传病害，因此必须采取以种植抗病品种、轮作、增施农家肥等农业技术为主，结合药剂处理种子，穴施颗粒剂或施用MB型玉米专用肥等综合防治技术。

②种植抗病耐病品种。选择适合本地区的耐病品种，并注意品种搭配和轮换。

③增施肥，合理施用氮、磷、钾肥。每公顷至少施用约38000kg农家肥，合理施用氮、磷、钾肥（三者之间比例为1∶0.5∶0.5），尤其应多施钾肥。

④合理轮作。重病地块应与大豆及非禾本科作物轮作。

⑤深翻整地，消除病根茬。田间初侵染菌源量对病害发生起重要作用。立秋后及早深翻整地、清除病根茬是消灭越冬菌源的有效措施。

化学防治

可施用3%粉锈宁颗粒剂，每公顷穴施22.5kg，也可用25%粉锈宁、20%羟锈宁可湿性粉剂，按种子重0.2%～0.3%拌种，或以玉米种衣剂17号，按1∶50拌种；可施用0.01%～0.02%速保利颗粒剂，每公顷穴施45kg，或用速保利可湿粉剂按种子重量的0.2%～0.3%拌种，或施用MB型玉米专用肥，具有控制全蚀病发生和增产的双重作用。

第五章
玉米虫害田间识别与绿色防控

第一节　草地贪夜蛾

草地贪夜蛾　是夜蛾科灰翅夜蛾属的一种蛾。草地贪夜蛾分两个亚种，即取食玉米品系和取食水稻品系。该种自缅甸传入我国云南省，后渐散播至南方各省市。

一、危害症状

草地贪夜蛾主要以幼虫为害为主，成虫一般集中将卵产在叶片背面，每头雌蛾可产10块左右的卵，每个卵块有100～200粒，最高可产2000粒卵。卵孵化后，低龄幼虫为害幼嫩叶片，被害叶片上留有大量孔洞，叶脉成窗纱状。随着虫龄增长，食量大增，一条幼虫一天可吃光1～2片叶片。大量幼虫群聚在一起为害，几天即可吃光全田玉米叶片，叶片吃光后还可为害嫩茎。老龄幼虫同地老虎一样，可将30日龄的幼苗沿基部切断。后期幼虫还可钻蛀玉米雄穗和雌穗。发生严重时，可造成绝收。

为害叶片

为害穗果

二、形态特征

形态	特　征
成虫	体长15～20mm，翅展32～40mm，前翅灰色至棕色。雄蛾环形纹和肾形纹明显，翅顶角处分别有两个大白斑，肾形纹内侧有白色楔形纹。雌蛾通体颜色较均匀，呈灰色或棕色，环形纹和肾形纹略微明显。
卵	卵呈圆顶形，直径0.4mm，高为0.3mm，通常100～200粒卵堆积成块状，卵上有鳞毛覆盖，初产时为浅绿或白色，孵化前渐变为棕色。
幼虫	一般6个龄期，体长1～45mm，体色有浅黄、浅绿、褐色等多种，末端腹节背面有4个呈正方形排列的黑点，三龄后头部可见倒“Y”形纹。
蛹	雌蛹交配孔和产卵孔位于腹部第8节和第9节，连成一条纵裂缝；雄蛹生殖孔位于腹部第9节，为一纵裂缝，周围常略微凸起。

成虫

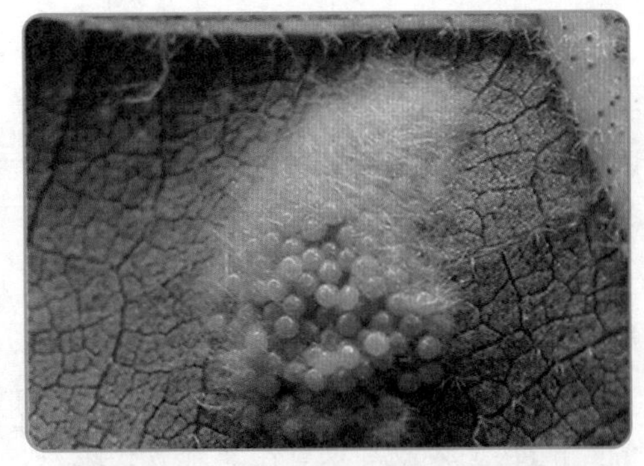
卵

幼虫

蛹

三、发生规律

草地贪夜蛾喜欢凉爽湿润的气候，这些有利于该物种的生存和繁殖。

幼虫期14～30天，蛹期7～37天，成虫期一般10～21天。幼虫不滞育，在夏季整个生活周期为30天，春季和秋季需60天，冬季需80～90天。草地贪夜蛾幼虫最初很少见有取食为害根部的报道，但在天气干旱条件下，幼虫为寻找水分充足的部位，可见取食为害玉米茎基部形成孔洞，造成枯心苗。幼虫具有假死性，遇惊扰卷缩成"C"形。成虫具有飞行能力和远距离迁飞习性；其在下午开始活跃，进行寄主搜寻、求偶、交配。成虫和幼虫都具有趋嫩特性，产卵为害喜选择相对幼嫩的植株及部位。

四、绿色防控

农业防治

调整种播期，将苗期与草地贪夜蛾发生高峰期错开，减轻受害。在北方地区，要适当早播，以减轻草地贪夜蛾和黏虫对幼苗的危害。在种植禾本科作物时套用抗性较强的其他作物，减少损失，合理施肥，保持合理墒情，也可有效预防草地贪夜蛾。

生物防治

①利用杀虫灯可有效杀灭草地贪夜蛾的成虫，也可利用性诱捕器、诱芯等将雄蛾诱入诱捕器内。在成虫迁飞密集的区域，集中连片布设高空杀虫灯、黑光灯等进行诱杀，可有效阻止成虫迁出，减少田间产卵量。

②保护利用天敌。草蛉幼虫和成虫可取食草地贪夜蛾害虫的卵和低龄幼虫，草地贪夜蛾的捕食性昆虫还有瓢虫、蝼步甲等。

③释放天敌。在玉米田大规模释放短管赤眼蜂、夜蛾黑卵蜂、黄带齿唇姬蜂、岛甲腹茧蜂，这些天敌可以寄生草地贪夜蛾卵，抑制草地贪夜蛾幼虫种群。

④生物农药防治。在卵孵化初期选择喷施苏云金杆菌以及多杀菌素、苦参碱、印楝等生物农药。

化学防治

低龄幼虫（3龄前）为防控的最佳时期，施药时间最好选择在清晨和傍晚，注意喷洒在玉米心叶、雄穗和雌穗等部位。目前防效较好的有氯虫苯甲酰胺、甲维盐（甲氨基阿维菌素苯甲酸盐）、茚虫威、溴氰虫酰胺、虫螨腈、高效氯氟氰菊酯等防控夜蛾科害虫的高效低毒杀虫剂。药剂进行喷雾防治，避免使用高毒农药，避免伤害自然天敌，注意轮换交替和复配使用不同作用方式的杀虫剂，以延缓草地贪夜蛾抗药性的产生。

用化学杀虫剂结合球孢白僵菌、金龟子绿僵菌防控草地贪夜蛾，可以改善真菌感染性，提高草地贪夜蛾的死亡率，降低杀虫剂的田间剂量，减少对环境的负面影响。

第二节　玉米螟

玉米螟　别名玉米钻心虫，属于鳞翅目螟蛾科，我国发生的玉米螟有亚洲玉米螟和欧洲玉米螟两种。玉米螟主要为害玉米、高粱、谷子等，也能为害棉花、甘蔗、向日葵、水稻、甜菜、豆类等作物，属于世界性害虫。分布于广大玉米产区，其中黑龙江、辽宁、吉林、内蒙古等省区发生较严重，华北、西南等地区也普遍发生。

一、危害症状

玉米螟是钻蛀性害虫，幼虫钻蛀取食心叶、茎秆、雄穗和雌穗。幼虫可蛀穿未展开的嫩叶、心叶，使展开的叶片出现一排排小孔。幼虫可蛀入茎秆，取食髓部，影响养分输导，受害植株籽粒不饱满，被蛀茎秆易被大风吹折。幼虫钻入雄花序，使之从基部折断。幼虫还取食雌穗的花丝和嫩苞叶，并蛀入雌穗，食害幼嫩籽粒，造成严重减产。春玉米被害株率为30%左右，减产10%；夏玉米被害株率达90%，减产20%～30%。初孵幼虫先取食嫩叶的叶肉，2龄幼虫集中在心叶内为害，3～4龄幼虫咬食其他坚硬组织。

幼虫钻蛀造成的排孔

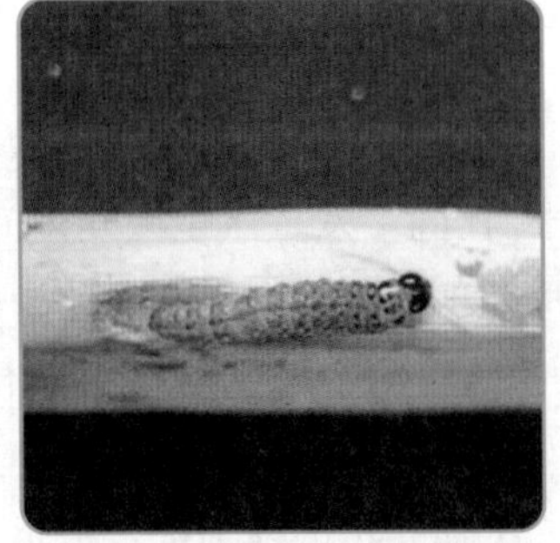
幼虫钻蛀茎秆

幼虫蛀食籽粒

二、形态特征

形态	特　征
成虫	雄蛾体长10～14mm，翅展20～26mm，黄褐色，前翅内横线为暗褐色波状纹，外横线为暗褐色锯齿状纹，两线之间有2个褐色斑，近外缘有黄褐色带。雌蛾体长13～15mm，翅展25～34mm，体色略浅。
卵	长约1mm，宽约0.8mm，短椭圆形或卵形，扁平，乳白色渐变淡黄。
幼虫	共5龄，老熟幼虫体长20～30mm，体背淡褐色，中央有一条明显的背线，腹部1～8节背面各有两列横排的毛瘤，前4个较大。
蛹	体长15～18mm，纺锤形，黄褐至红褐色。

成虫

卵

幼虫

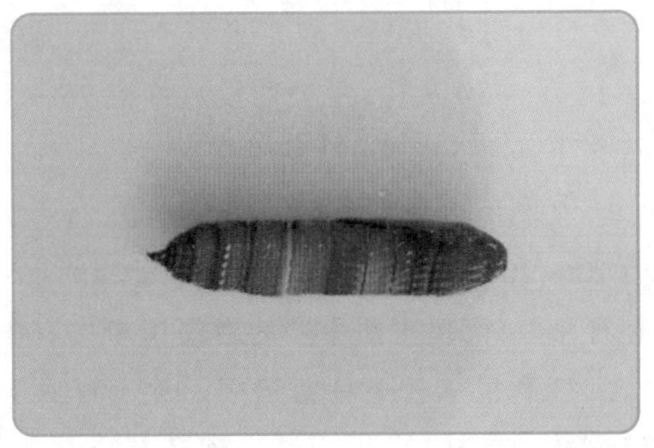
蛹

三、发生规律

玉米螟在我国的年发生代数随纬度的变化而变化，1年可发生1～7代。各个世代及每个虫态的发生期因地而异，在同一发生区也因年度间的气温变化而略有差别。通常情况下，第一代玉米螟的卵盛发期在1～3代区大致为春玉米心叶期，幼虫蛀茎盛期为玉米雌穗抽丝期，第二代卵和幼虫的发生盛期在2～3代区大体为春玉米穗期和夏玉米心叶期，第三代卵和幼虫的发生期在3代区为夏玉米穗期。

成虫昼伏夜出，有趋光性，飞翔和扩散能力强。成虫多在夜间羽化，羽化后不需要补充营养，羽化后当天即可交配。雄蛾有多次交配的习性，雌蛾多数一生只交配一次。雌蛾交配一至两天后开始产卵，每个雌蛾产卵10～20块，约300～600粒。

幼虫孵化后先集群在卵壳附近，约一小时后开始分散。幼虫共5龄，有趋糖、趋触、趋湿和负趋光性，喜欢潜藏为害。幼虫老熟后多在其为害处化蛹，少数幼虫爬出茎秆化蛹。

各虫态历期：卵，一般3～5天。幼虫，第一代25～30天，其他世代一般15～25天，越冬幼虫长达200天以上。蛹，25℃时7～11天，一般8～30天，以越冬代最长。成虫寿命一般8～10天。

成虫羽化后白天潜伏在玉米田经补充营养才产卵，把卵产在吐穗扬花的玉米上，卵单产，每个雌虫可产卵169粒。初孵幼虫蛀入幼嫩籽粒中，堵住蛀孔在粒中蛀害，蛀空后再转到另一粒蛀害。3龄后则吐丝结网，在隧道中穿行为害，严重的把整穗籽粒蛀空。幼虫老熟后在穗中或叶腋、叶鞘、枯叶处及高粱、玉米、向日葵秸秆中越冬。雨多年份发生重。

四、绿色防控

生物防治

玉米螟的天敌种类很多，主要有寄生卵的赤眼蜂、黑卵蜂，寄生幼虫的寄生蝇、白僵菌等。捕食性天敌有瓢虫、步行虫、草蜻蛉等，都对虫口有一定的抑制作用。

①赤眼蜂灭卵。在玉米螟产卵始、初盛和盛期放玉米螟赤眼蜂3次，每次每公顷放蜂15万～30万只，每公顷设放蜂点75～150个。放蜂时蜂卡经变温锻炼后，夹在玉米植株下部第5或第6叶的叶腋处。

②利用白僵菌治螟。在心叶期，将每克含分生孢子50亿～100亿的白僵菌拌炉渣颗粒10～20倍，撒入心叶丛中，每株2g。也可在春季越冬幼虫复苏后化蛹前，将剩余玉米秸秆堆放好，用土法生产的白僵菌粉按100～150g/m^3，分层喷撒在秸秆垛内进行封垛。

③利用苏云金杆菌治螟。在心叶末期，每亩用每毫升含100亿活芽孢的苏云金杆菌制剂200ml，按药、水、干细沙0.4∶1∶10比例配制，或用每克含50亿孢子的白僵菌

0.35kg，加细河沙5kg配成颗粒剂，在玉米心叶中期撒施，或每亩用每克含50000个单位的苏云金杆菌可湿性粉剂700～800倍液，或0.3％印楝素乳油80～100g喷雾到玉米心叶内。

化学防治

①心叶期防治。在玉米心叶末期的喇叭口内投施药剂，仍是我国北方控制春玉米第一代和夏玉米第二代玉米螟最好的药剂防治方法。

②穗期防治。当预测穗期虫穗率达到10%或百穗花丝有虫50头时，在抽丝盛期应防治一次，若虫穗率超过30%，6～8天后需再防治一次。

诱杀成虫

根据玉米螟成虫的趋光性，设置黑光灯可诱杀大量成虫。在越冬代成虫发生期，用诱芯剂量为20μg的亚洲玉米螟性诱剂，在麦田按照每公顷15个设置水盆诱捕器，可诱杀大量雄虫，显著减轻第一代的防治压力。

第三节 棉铃虫

棉铃虫　鳞翅目夜蛾科，广泛分布棉区和蔬菜种植区。黄河流域棉区、长江流域棉区受害较重。近年来，新疆棉区也时有发生。寄主植物有30多科200余种。棉铃虫是棉花蕾铃期重要钻蛀性害虫，主要蛀食蕾、花、铃，也取食嫩叶。

一、危害症状

棉铃虫幼虫主要取食玉米籽粒。初孵幼虫集中在玉米果穗顶部咬食花丝，造成戴帽现象；受害早的玉米花丝被咬断，雌穗因授粉不良而致部分籽粒不育，形成空壳。3龄后蛀入果穗内部咬食小籽粒，将粪便沿虫孔排至穗轴顶部，使部分籽粒发霉腐烂，幼虫老熟后从果穗顶部蛀食钻出；叶片受害形成不规则穿孔，雄穗受害造成“缺齿”现象。

为害叶片

为害穗果

二、形态特征

形态	特 征
成虫	体长15～20mm，前翅颜色变化大，雌蛾多黄褐色，雄蛾多绿褐色，外横线有深灰色宽带，带上有7个小白点，肾形纹和环形纹暗褐色。
卵	近半球形，底部较平，高0.51～0.55mm，直径0.44～0.48mm，顶部微隆起。初产时乳白色或淡绿色，逐渐变为黄色，孵化前紫褐色。
幼虫	老熟幼虫体长40～45mm，头部黄褐色，气门线白色，体背有十几条细纵线条，各腹节上有刚毛疣12个，刚毛较长。两根前胸侧毛的连线与前胸气门下端相切，这是区分棉铃虫幼虫与烟青虫幼虫的主要特征。体色变化多，大致分为黄白色、黄色红斑、灰褐色、土黄色、淡红色、绿色、黑色、咖啡色、绿褐色9种类型。
蛹	长13～23.8mm，宽4.2～6.5mm，纺锤形，赤褐至黑褐色，腹有一对臀刺，刺的基部分开。气门较大，围孔片呈筒状突起较高，腹部第5～7节的背面和腹面的前缘有7～8排较稀疏的半圆形刻点。入土5～15cm化蛹，外被土茧。

成虫

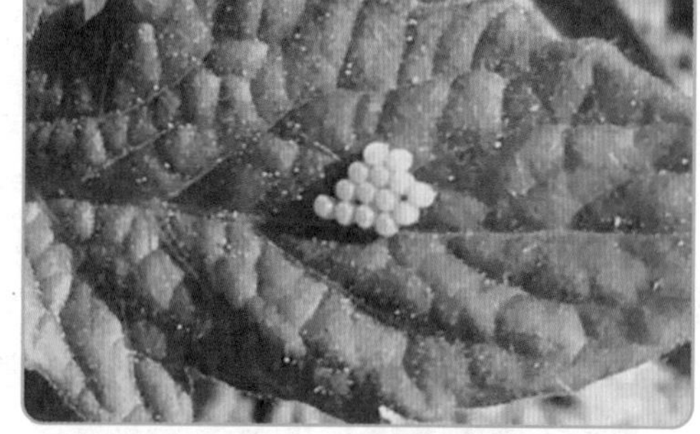
卵

幼虫

蛹

三、发生规律

棉铃虫在我国各地均有发生，一年发生3～7代。以滞育蛹在土下3～10cm越冬，黄河流域棉区4月中旬至5月上旬气温15℃以上时开始羽化。第一代主要为害小麦和春玉米等作物，第二至四代主要为害棉花、玉米、花生、番茄等作物，第四代还为害高粱、向日葵和越冬苜蓿等。卵多产在嫩叶和生长点，幼虫孵化后先食卵壳，随后为害取食嫩叶、幼蕾、幼嫩的花丝和雄花。幼虫共6龄，少数5龄或7龄。1、2龄幼虫有吐丝下垂习性，3龄后转移为害，4龄后食量大增，取食大蕾、花、青铃、果穗。幼虫3龄前多在叶面活动为害，是施药防治的最佳时机，3龄后多钻蛀到棉花蕾铃内部和玉米苞叶内，不易防治。末龄幼虫入土化蛹，土室具有保护作用，羽化后成虫沿原道爬出土面后展翅。各虫态发育最适温度为25～28℃，相对湿度为70%～90%。成虫有趋光性，对半枯萎的杨树枝把有很强的趋性。幼虫有自残习性。

四、绿色防控

农业防治

用黑光灯或高压汞灯诱杀棉铃虫成虫。每亩安300W高压汞灯1只，灯下用大容器盛水，水面洒柴油，效果比黑光灯更优。

化学防治

在棉铃虫卵孵盛期或幼虫低龄期喷施药剂防治。可用Bt菌剂（每克含活孢子100亿）200～300倍液，或1.8%阿维菌素乳油4000倍液，或10%吡虫啉可湿性粉剂1500倍液，或4.5%高效氯氰菊酯乳油60～100ml对水50～60L，隔7～10天喷1次，共喷2～3次。药剂应注意轮换使用。

第四节　黏　虫

黏虫　又称剃枝虫、行军虫，俗称五彩虫、麦蚕，是一种主要为害小麦、玉米、高粱、水稻等粮食作物和牧草的害虫，具有多食性、迁移性和间歇暴发性等特点，可为害16科100多种以上的植物，尤其喜食禾本科植物。除我国西北局部地区外，其他各地均有分布。

一、危害症状

玉米黏虫危害性较大，且类型较为复杂，会啃食玉米叶肉，如果虫害严重，整片叶片会被啃食。玉米黏虫在潮湿地区发生概率较高，一旦发病，会将叶片吃光，植株成为光秆，造成严重减产，甚至绝收。当一块田被吃光后，幼虫常成群迁到另一块田为害，故又名“行军虫”。

我国从北到南一年可发生2～8代。河北省一年发生3代，以为害夏玉米最重，春玉米较轻。黏虫为害夏玉米，主要在收获前后咬食幼苗，造成缺苗断垄，甚至毁种，是夏玉米全苗的大敌，故应注意黏虫虫情，并及时防治。

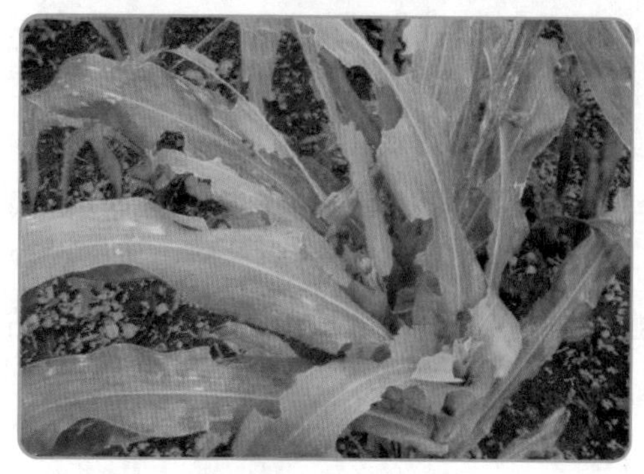
蚕食玉米叶片

植株成光秆

二、形态特征

形态	特　征
成虫	黏虫成虫体色呈淡黄色或淡灰褐色，体长17～20mm，翅展35～45mm，触角丝状，前翅中央近前缘有2个淡黄色圆斑，外侧环形圆斑较大，后翅正面呈暗褐，反面呈淡褐，缘毛呈白色，由翅尖向斜后方有1条暗色条纹，中室下角处有1个小白点，白点两侧各有1个小黑点。雄蛾较小，体色较深，其尾端经挤压后，可伸出1对鳃盖形的抱握器，抱握器顶端具一长刺。雌蛾腹部末端有一尖形的产卵器。
卵	馒头形，初产时白色，渐变黄色，孵化时黑色。卵粒常排列成2～4行或重叠堆积成块，每个卵块一般有几十粒至百余粒卵。
幼虫	共6龄，老熟幼虫体长35～40mm。体色随龄期和虫口密度大幅变化，从淡绿色发展至黑褐色。头部有“八”字形黑纹，体背有5条不同颜色的纵线，腹部整个气门孔为黑色，具光泽。
蛹	红褐色，体长17～23mm，腹部第5、6、7节背面近前缘处有横列的马蹄形刻点，中央刻点大而密，两侧渐稀，尾端有尾刺3对，中间1对粗大，两侧各有短而弯曲的细刺1对。雄蛹生殖孔在腹部第9节，雌蛹生殖孔位于第8节。

成虫

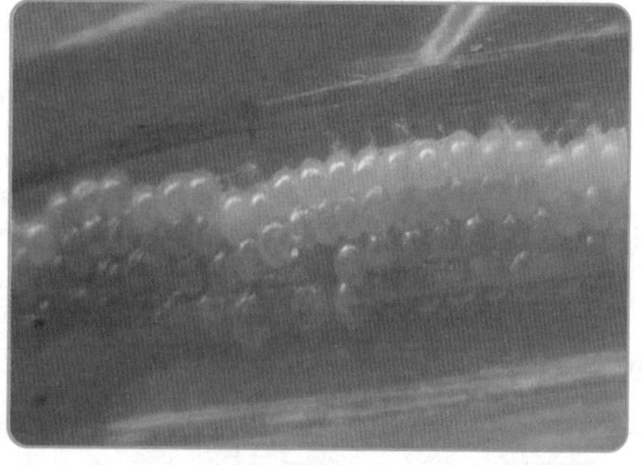
卵

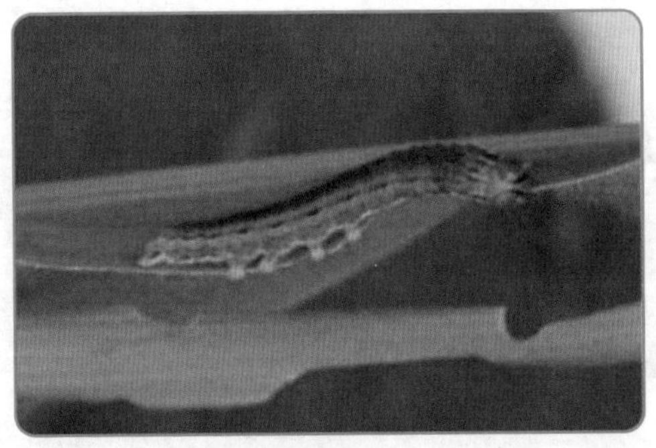

幼虫

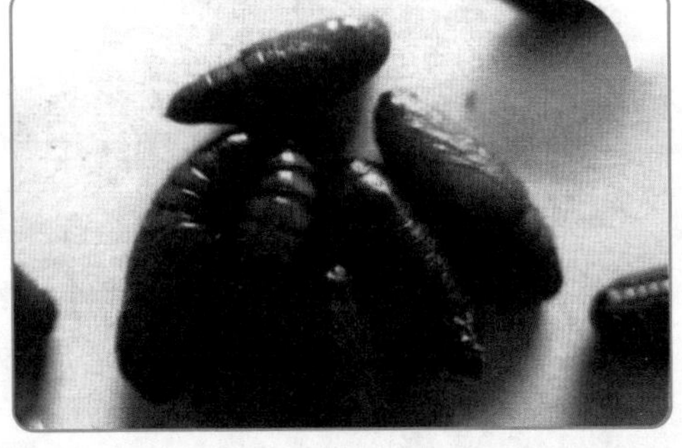

蛹

三、发生规律

黏虫属于迁飞性害虫，在从南往北迁移的过程中，气候正是冷暖交汇季节，多雨的地方，成虫就会被迫停留产卵，所以说雨水多的地方虫子较多。

黏虫的多少与温度和气候有关，温度高，发育时间缩短，代数增多，繁殖加快，而且温度高，再伴随着干旱，黏虫要从叶片中吸取水分，所以高温干旱作物受害就较重。

四、绿色防控

农业防治

①冬季和早春结合积肥，彻底铲除田埂、田边、沟边、塘边、地边的杂草，消灭部分在杂草中越冬的黏虫，减少虫源。

②合理布局，实行同品种、同生产期的水稻连片栽种，避免不同品种"插花"栽培。

③合理用肥，施足基肥，及时追肥，避免偏施氮肥，防止贪青迟熟。

④科学管水，浅水勤灌，避免深水漫灌，适时晒田，可起到抑制黏虫为害、增加产量的作用。

物理防治

①采用佳多频振式杀虫灯或黑光灯诱杀成虫。

②根据成虫产卵喜产于枯黄老叶的特性，在田间每公顷设置150把草把，草把可稍大，适当高出作物，5天左右换草把1次，并集中烧毁，即可灭杀虫卵。

药剂防治

①根据黏虫成虫具有嗜食花蜜、糖类及甜酸气味的发酵水浆等特性，采用毒液诱杀成虫，其药液配比为糖：酒：醋：水=1：1：3：10，加总量10%的杀虫丹，可以作盆诱或把毒液喷在草把上诱集成虫。

②用20%速毙50ml或600～1000倍液或24%百虫光40～60ml，对水40～60L，进行均匀喷雾，最后一次用药在收割水稻前10天进行。

第五节　甜菜夜蛾

甜菜夜蛾　又名玉米夜蛾、玉米小夜蛾、玉米青虫，属鳞翅目夜蛾科。为杂食性害虫，为害玉米、棉花、甜菜、芝麻、花生、烟草、大豆、白菜、番茄、豇豆等170多种植物。

一、危害症状

幼虫为害叶片，初孵幼虫先取食卵壳，后陆续从绒毛中爬出，1～2龄常群集在叶背面为害，取食叶肉，留下表皮，呈窗户纸状。3龄以后的幼虫分散为害，还可取食苞叶，可将叶片吃成缺刻或孔洞。4龄以后开始大量取食，严重发生时可将叶肉吃光，仅残留叶和叶柄脉。3龄以上的幼虫还可钻蛀果穗为害，造成烂穗。

甜菜夜蛾白天潜伏在杂草、枯叶和土缝等阴暗处，受惊吓后可短距离飞行。多在20时至23时取食、交尾和产卵，活动最为猖獗。

蚕食玉米叶片

植株成光秆

二、形态特征

形态	特　征
成虫	体长10～14mm，翅展25～34mm。头胸及前翅灰褐色，前翅基线仅前端可见双黑纹，内、外线均双线黑色，内线波浪形，剑纹为一黑条。环形和肾形纹粉黄色，中线黑色波浪形，外线锯齿形，双线间的前后端白色，亚端线白色锯齿形，两侧有黑点。后翅白色，翅脉及端线黑色，腹部浅褐色。雄蛾抱器瓣宽，端部窄，抱钩长棘形。
卵	圆球状，白色，成块产于叶面或叶背，每块8～100粒不等，排为1～3层，因外面覆有雌蛾脱落的白色绒毛，不能直接看到卵粒。
幼虫	体色变化很大，有绿色、暗绿色、黄褐色、黑褐色等，腹部体侧气门下线为明显的黄白色纵带，有时呈粉红色。成虫昼伏夜出，有强趋光性和弱趋化性，大龄幼虫有假死性，老熟幼虫入土吐丝化蛹。
蛹	体长10mm左右，黄褐色。

成虫

卵

幼虫

蛹

三、发生规律

寄主植物多：农业种植结构的调整和棚式蔬菜的发展，为甜菜夜蛾提供了更加广泛的越冬场所。少(免)耕等轻型栽培技术的推广，间作或套作作物品种增多、面积扩大，为甜菜夜蛾提供了比过去更为丰富的食料条件，减轻了农事操作对甜菜夜蛾的控制作用，因而更有利于甜菜夜蛾在不同寄主间进行迁徙为害和种群繁衍增殖。

迁飞性强：甜菜夜蛾虽然可以在本地越冬，但也可以远距离迁飞，这使局部地区发生甜菜夜蛾成为可能。

繁殖率高：甜菜夜蛾蛹期6天左右，每头雌蛾平均产卵量为104.8粒，卵孵化率为82%，卵历期为2天左右，夏季完成一个完整世代仅需28天。因此甜菜夜蛾可以在短期内普遍发生。

四、绿色防控

农业防治

在蛹期结合农事需要进行中耕除草、冬灌，以及深翻土壤。早春铲除田间地边杂草，破坏早期虫源滋生、栖息场所，这样有利于恶化其取食、产卵环境，防治甜菜夜蛾。

物理防治

傍晚人工捕捉大龄幼虫，挤抹卵块，这样能有效地降低虫口密度。在成虫始盛期，在大田设置黑光灯、高压汞灯及频振式杀虫灯诱杀成虫，同时利用性诱剂诱杀成虫。使用Bt制剂进行防治及保护，利用腹茧蜂、叉角厉蝽、星豹蛛、斑腹刺益蝽等天敌进行生物防治。卵的优势天敌有黑卵蜂、短管赤眼蜂等，幼虫优势天敌有绿僵菌。

化学防治

施药时间应选择在清晨最佳，在幼虫孵化盛期，于上午8时前或下午6时后喷施25%灭幼脲乳油1000～2000倍液，高效氟氯氰菊酯乳油1000倍液加5%氟虫脲乳油500倍混合液，或5%高效氯氰菊酯乳油1000倍液加5%氟虫脲可分散液剂500倍混合液。

第六节　斜纹夜蛾

斜纹夜蛾　属鳞翅目夜蛾科斜纹夜蛾属的一个物种，是一种农作物害虫，褐色，前翅具许多斑纹，中有一条灰白色宽阔的斜纹。除西藏、青海不详外，分布在全国各地。

一、危害症状

斜纹夜蛾是一种杂食性害虫，为害白菜、甘蓝、芥菜、马铃薯、茄子、番茄、辣椒、南瓜、丝瓜、冬瓜以及藜科、百合科等多种作物。

幼虫食叶、花蕾、花及果实，严重时可将全田作物吃光。初孵幼虫群集一起，在叶背取食叶肉，残留上表皮或叶脉，出现筛网状花叶，后分散为害，取食叶片和蕾铃，严重的把叶片吃光，食害蕾铃，造成烂铃或脱落。斜纹夜蛾为害花后，先食害花蕊，后食害花瓣，雄蕊、雌蕊、柱头被蛀害，花冠被吃或残缺不全。为害棉铃时，在棉铃的基部有1～3个蛀孔，孔径不规则，较大，孔外堆有大量虫粪，棉铃表皮有被啃食的痕迹。在甘蓝、白菜上可蛀入叶球、心叶，并排泄粪便，造成污染和腐烂，使之失去商品价值。

为害玉米叶片

为害玉米苞果

二、形态特征

形态	特　征
成虫	体长14～21mm，展翅33～42mm。体深褐色，头、胸、腹褐色。前翅灰褐色，内外横线灰白色，有白色条纹和波浪纹。后翅半透明，白色，外缘前半部褐色。
卵	半球形，卵粒常常3～4层重叠成块，卵块椭圆形，上覆黄褐色绒毛。
幼虫	老熟幼虫体长38～51mm，黄绿色，杂有白斑点，第2、3节两侧各有2个小黑点，第3、4节间有1条黑色横纹，横贯于亚背线及气门线间，第10、11节亚背线两侧各有1个黑点，气门线上亦有黑点。
蛹	赤褐色至暗褐色。腹部第4节背面前缘及第5～7节背、腹面前缘密布圆形刻点。气门黑褐色，呈椭圆形。腹端有臀棘1对，短，尖端不成钩状。

成虫

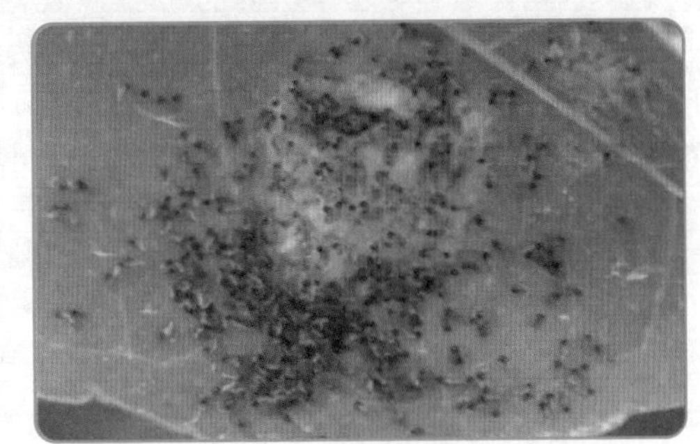

卵

幼虫

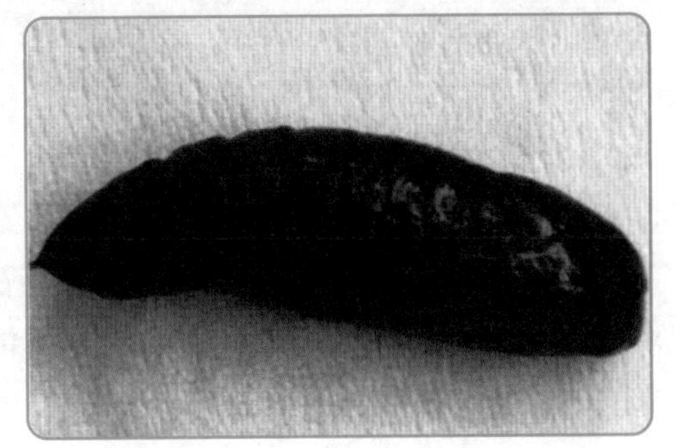

蛹

三、发生规律

在我国华北地区年生4～5代，长江流域年生5～6代，福建年生6～9代，在两广地区可终年繁殖。长江流域多在7—8月大发生，黄河流域多在8—9月大发生。成虫夜间活动，飞翔力强，一次可飞数十米远。成虫有趋光性，并对糖醋酒液及发酵的胡萝卜、麦芽、豆饼、牛粪等有趋性。成虫需补充营养，取食糖蜜的平均产卵577.4粒，未能取食者只能产数粒。卵多产于高大、茂密、浓绿的作物上，以植株中部叶片背面叶脉分叉处最多。卵发育历期，22℃约7天，28℃约2.5天。初孵幼虫群集取食，

3龄前仅食叶肉，残留上表皮及叶脉，呈白纱状后转黄，易于识别。4龄后进入暴食期，多在傍晚出来为害。幼虫共6龄，发育历期，21℃约27天，26℃约17天，30℃约12.5天。老熟幼虫在1～3cm表土内筑土室化蛹，土壤板结时可在枯叶下化蛹。蛹发育历期，28～30℃约9天，23～27℃约13天。发育适温较高（29～30℃），因此各地严重为害时期皆在7—10月。

四、绿色防控

农业防治

在田间管理过程中，发现卵块与初孵幼虫集中为害叶片及时摘除，集中烧毁。

物理防治

成虫发生期设置黑光灯诱杀成虫。

化学防治

在幼虫3龄以前，午后或傍晚喷洒5%锐劲特悬浮剂1500倍液，或48％毒死蜱乳油1300倍液，或2.5％保得乳油2000倍液，或24％万灵水剂1000倍液，或20%米满胺悬剂2000倍液，或44％速凯乳油1500倍液，或15%菜虫净乳油1500倍液，或5％抑太保乳油1000倍液，单独使用或交替使用。此外，也可选用50％辛硫磷乳油1000倍液，或25％广克威乳油2000倍液。7～10天1次，连用2～3次。

第七节　二点委夜蛾

二点委夜蛾　是我国夏玉米区新发生的害虫，各地往往误认为是地老虎为害。该害虫随着幼虫龄增长，食量不断加大，如不能及时控制，将会严重威胁玉米生产。

一、危害症状

二点委夜蛾主要以幼虫躲在玉米幼苗周围的碎麦秸下或在2～5cm的表土层下为害玉米苗，一般一株有虫1～2头，多的达10～20头。在玉米幼苗3～5叶期的地块，幼虫主要咬食玉米茎基部，形成3～4mm圆形或椭圆形孔洞，切断营养输送，造成地上部玉米倾斜、倾倒或枯死。在玉米苗较大（8～10叶期）的地块，幼虫主要咬断玉米根部，包括气生根和主根。受危害的玉米田，轻者玉米植株东倒西歪，重者造成缺苗断垄，玉米田中出现大面积空白地，严重者造成玉米心叶萎蔫枯死。二点委夜蛾喜阴暗潮湿，畏惧强光，一般在玉米根部或者湿润的土缝中生存，遇到声音或药液喷淋后呈"C"形假死。

从根茎部钻蛀到茎心

玉米根茎下的害虫

二、形态特征

形态	特　征
成虫	体长10～12mm，灰褐色，前翅黑灰色，有暗褐色细点，内线、外线暗褐色，环纹为一黑点，后翅银灰色，有光泽。
卵	呈馒头状，单产，上有纵脊，初产黄绿色，后土黄色，直径不到1mm。
幼虫	老熟幼虫体长14～18mm，黄黑色到黑褐色，头部褐色，腹部背面有两条褐色背侧线，到胸节消失，各体节背面前缘具有一个倒三角形的深褐色斑纹，体表光滑。
蛹	长10mm左右，淡黄褐色渐变为褐色。

成虫

卵

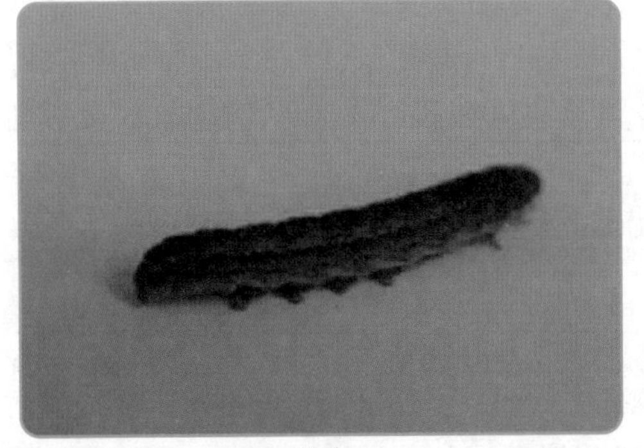
幼虫

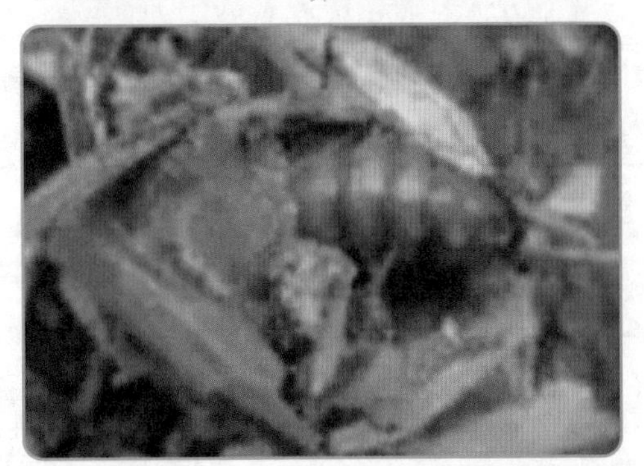
蛹

三、发生规律

棉田倒茬玉米田比重茬玉米田发生严重，麦糠、麦秸覆盖的地方比没有麦秸、麦糠覆盖的严重，播种时间晚比播种时间早的严重，田间湿度大比湿度小的严重。二点委夜蛾主要在玉米气生根处的土壤表层处为害玉米根部，咬断玉米地上茎秆或浅表层根，受危害的玉米田轻者玉米植株东倒西歪，重者造成缺苗断垄，玉米田中出现大面积空白地，危害严重地块甚至需要毁种。二点委夜蛾喜阴暗潮湿，畏惧强光，一般在玉米根部或者湿润的土缝中生存，遇到声音或药液喷淋后呈“C形”假死。高麦茬、厚麦糠为二点委夜蛾大发生提供了主要的生存环境。二点委夜蛾比较厚的外皮使药剂难以渗透是防治的主要难点，世代重叠发生是增加防治次数的主要原因。

该虫害在小麦套播的玉米田发生重，主要以幼虫躲在玉米幼苗周围的碎麦秸下或在2～5cm的表土层中为害玉米苗，一般一株有虫1～2头，多的达10～20头。在玉米幼苗3～5叶期的地块，幼虫主要咬食玉米茎基部，形成3～4mm圆形或椭圆形孔洞，切断营养输送，造成地上部玉米心叶萎蔫枯死。在玉米苗较大的地块幼虫主要咬断玉米根部，包括气生根和主根，造成玉米倒伏，严重者枯死。危害株率一般在1%～5%，严重地块达15%～20%。由于该虫潜伏在玉米田的碎麦秸下为害玉米根茎部，一般喷雾难以奏效。

四、绿色防控

农业防治

及时清除玉米苗基部麦秸、杂草等覆盖物，消除其发生的有利环境条件。一定要把覆盖在玉米垄中的麦糠、麦秸全部清除到远离植株的玉米大行间并裸露出地面，便于药剂能直接接触到二点委夜蛾。对倒伏的大苗，在积极进行除虫的同时，不要毁苗，而应培土扶苗，力争促使今后的气生根健壮，恢复正常生长。

化学防治

主要方法有喷雾、毒饵、毒土、灌药等。喷雾的效果仅次于田间大水浇灌灭虫，显著高于对根部喷药的方式。

①撒毒饵：亩用克螟丹150g加水1L拌麦麸4～5kg，顺玉米垄撒施。亩用4～5kg炒香的麦麸或粉碎后炒香的棉籽饼，与对少量水的90%晶体敌百虫，或48%毒死蜱乳油500g拌成毒饵，于傍晚顺垄撒在玉米苗边。

②毒土：亩用80%敌敌畏乳油300～500ml拌25kg细土，于早晨顺垄撒在玉米苗边，防效较好。

③灌药：亩用50%辛硫磷乳油或48%毒死乳油1kg，在浇地时随水灌药，灌入田中。最好在清理麦秸、麦糠后，使用机动喷雾机，将喷枪调成水柱状直接喷射玉米根部。同时要培土扶苗。也可用2.5%氯氟氰菊酯1500倍液灌根。

④喷雾：夏玉米播种后出苗前，用高压喷雾器喷药，打透覆盖的麦秸，杀灭在麦秸上产卵的成虫、卵及幼虫。有效药剂有48%毒死香乳油1000～1500倍液、80%敌敌畏乳油1000倍液、40%毒·辛乳油1000倍液，以及甲维盐、氯虫苯甲酰胺等。不要单独使用菊酯类杀虫剂。

⑤开展毒饵诱杀（每亩用炒香的麦麸或棉籽饼10kg拌药100g），药液灌根可用2.5%高效氯氟氰菊酯或农喜3号1500倍液，适当加入敌敌畏会提高效果，或毒沙熏蒸（用25kg细沙与敌敌畏200～300ml加适量水拌匀，于早晨顺垄施于玉米苗基部）的方法，有一定防治效果。如果虫龄较大，可适当加大药量。喷灌玉米苗，可以将喷头拧下，逐株顺茎滴药液，或用直喷头喷根茎部，药剂可选用48%毒死蜱乳油1500倍液、30%乙酰甲胺磷乳油1000倍液，或4.5%高效氟氯氰菊酯乳油2500倍液。药液量要大，保证渗到玉米根围30cm左右害虫藏匿的地方。

第八节　桃蛀螟

桃蛀螟　为鳞翅目螟蛾科蛀野螟属的一种昆虫，也称桃蛀野螟。幼虫俗称蛀心虫，属重大蛀果性害虫，主要为害板栗、玉米、向日葵、桃、李、山楂等多种农林植物。主要分布于我国的10余个省。

一、危害症状

桃蛀螟为杂食性害虫，主要寄主为果树和向日葵等，寄主植物多，发生世代复杂。为害玉米时，把卵产在雄穗、雌穗、叶鞘合缝处或叶耳正反面等处。

桃蛀螟主要蛀食雌穗，取食玉米粒，并能引起严重穗腐，且可蛀茎，造成植株倒折。初孵幼虫从雌穗上部钻入后，蛀食或啃食籽粒和穗轴，造成直接经济损失。

钻蛀穗柄常导致果穗瘦小，籽粒不饱满。蛀孔口堆积颗粒状粪渣，一个果穗上常有多头桃蛀螟为害，有时也与玉米螟混合为害玉米，严重时整个果穗被蛀食，没有产量。

取食雌穗籽粒

蛀食雌穗籽粒表皮

二、形态特征

形态	特　征
成虫	体长12mm，翅展22～25mm，体黄色，翅上散生多个黑斑，类似豹纹。
卵	椭圆形，长0.6mm，宽0.4mm，表面粗糙，有细微圆点，初时乳白色，后渐变橘黄色至红褐色。
幼虫	体长22～25mm，体色多暗红色，也有淡褐、浅灰、浅灰蓝等色。各体节毛片明显，第1～8腹节各有6个灰褐色斑点，前面4个，后面2个，呈两横排列。
蛹	长14mm，褐色，外被灰白色椭圆形茧。

成虫

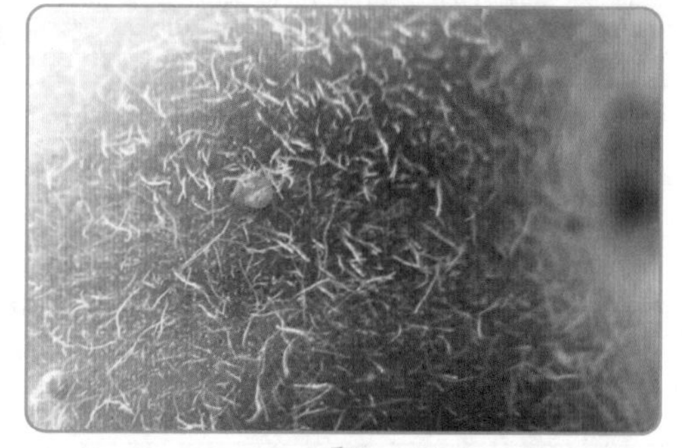

卵

幼虫

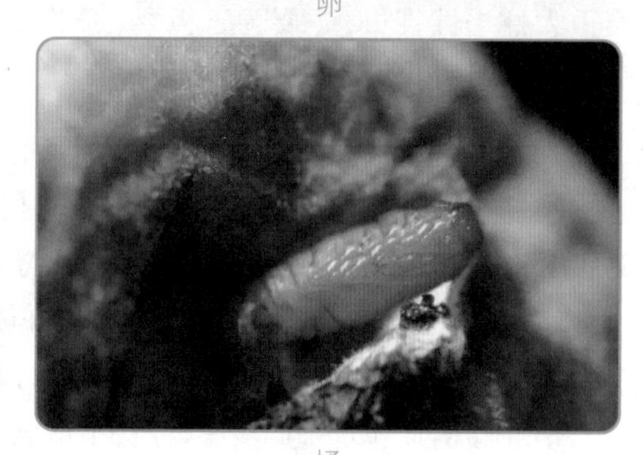

蛹

三、发生规律

桃蛀螟一年发生2～5代，世代重叠严重。以老熟幼虫在玉米秸秆、叶鞘、雌穗中，以及果树翘皮裂缝中结厚茧越冬，翌年化蛹羽化。成虫有趋光性和趋糖蜜性，卵多散产在穗上部叶片、花丝及其周围的苞叶上，初孵幼虫多从雄蕊小花、花梗及叶鞘、苞叶部蛀入为害。喜湿，多雨高湿年份发生重，少雨干旱年份发生轻。卵期一般6～8天，幼虫期15～20天，蛹期7～9天，完成一个世代需一个多月。第一代卵盛期在6月上旬，幼虫盛期在6月中上旬；第二代卵盛期在7月中上旬，幼虫盛期在7月中下旬；第三代卵盛期在8月上旬，幼虫盛期在8月中上旬。幼虫至9月下旬陆续老熟，转移至越冬场所越冬。

四、绿色防控

农业防治

①处理秸秆和土壤，降低越冬幼虫数量。玉米收获时秸秆粉碎还田，冬前高粱、玉米要脱空粒，并及时处理高粱、玉米、向日葵等秸秆、穗轴及向日葵盘，消灭其中的幼虫。深翻土地，冻、晒，杀伤在土壤内越冬的幼虫，减少越冬幼虫基数。

②诱杀成虫：在玉米地内点黑光灯或用糖、醋液诱杀成虫，可结合诱杀梨小食心虫进行。

③拾毁落果和摘除虫果，消灭果内幼虫。

生物防治

喷洒苏云金杆菌75～150倍液或青虫菌液100～200倍液。

化学防治

①不套袋的果园，要在第一、二代成虫产卵高峰期喷药。50%杀螟松乳剂1000倍液或用Bt乳剂600倍液，或35%赛丹乳油2500～3000倍液，或2.5%功夫乳油3000倍液。

②在高粱抽穗始期要进行卵与幼虫数量调查，当有虫（卵）株率20%以上或100穗有虫20头以上时即需防治。施用药剂，50%磷胺乳油1000～2000倍液，或用40%乐果乳油1200～1500倍液，或用2.5%溴氰菊酯乳油3000倍液喷雾，在产卵盛期喷洒50%磷胺水可溶剂1000～2000倍液，每亩使用药液75kg。

③在产卵盛期喷洒Bt乳剂500倍液，或50%辛硫磷1000倍液，或2.5%大康（高效氯氟氰菊酯）或功夫（高效氯氟氰菊酯），或爱福丁1号（阿维菌素）6000倍液，或25%灭幼脲1500～2500倍液，或在玉米果穗顶部或花丝上滴50%辛硫磷乳油等药剂300倍液1～2滴，对蛀穗害虫防治效果好。

第九节　玉米蚜虫

玉米蚜虫　又称腻虫、蜜虫，植食性昆虫。广泛分布于玉米产区，苗期以成蚜、若蚜群集在心叶中为害，抽穗后为害穗部，吸收汁液，妨碍生长，还能传播多种禾本科谷类病毒。

一、危害症状

玉米蚜虫在玉米苗期至成熟期均可为害，其多群集在心叶、雄穗及雌穗，危害时分泌蜜露，产生黑色霉状物，一般可减产15%～30%，同时蚜虫还是病毒病的重要传播途径。

为害心叶

为害雄穗

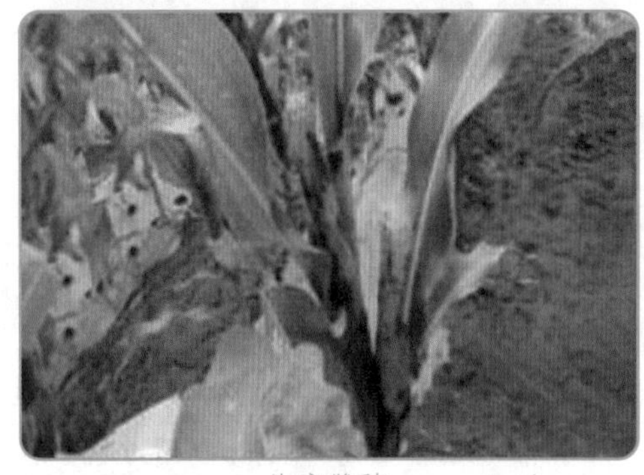
为害雌穗

为害苞米

二、形态特征

形态	特 征
无翅蚜	长卵形，若蚜深绿色，成蚜为暗绿色，披薄白粉，体表有网纹。
有翅蚜	长卵形，体深绿色，头、胸黑色发亮，腹部黄红色至深绿色。

无翅蚜

有翅蚜

三、发生规律

从北到南一年发生10～20余代，一般以无翅胎生雌蚜在小麦苗及禾本科杂草的心叶里越冬。一般4月底5月初向春玉米、高粱田迁移。

玉米抽雄前，一直群集于心叶里繁殖为害，抽雄后扩散至雄穗、雌穗上繁殖为害。扬花期是玉米蚜繁殖为害的最有利时期，故防治适期应在玉米抽雄前。

四、绿色防控

农业防治

①清除杂草：及时清除田间地头杂草。

②套种：采用麦垄套种玉米栽培法比麦后播种玉米提早10～15天，能避开蚜虫繁殖盛期。

化学防治

①药剂拌种：用70%吡虫啉湿拌种剂、吡虫啉悬浮种衣剂拌种。

②喷雾防治：抽雄期是防治玉米蚜虫的关键时期，在玉米抽雄初期，可喷施22%氟啶虫胺腈（特福力）悬浮剂每亩15～20ml，或50%氟啶虫胺腈（可立施）水分散粒剂每亩5g，或10%吡虫啉可湿性粉剂每亩10～20g，或3%啶虫脒每亩15～20g，对水40～60L均匀喷雾。

第十节　玉米蓟马

玉米蓟马　一般指玉米黄呆蓟马，属缨翅目蓟马科。分布在新疆、甘肃、宁夏、江苏、四川、西藏、台湾等。寄生在玉米、蚕豆、苦荬菜及小麦等禾本科作物上。

一、危害症状

玉米蓟马是玉米苗期主要害虫之一。玉米蓟马为害叶背致叶背面呈现断续的银白色条斑，伴有小污点。严重的叶片如涂一层银粉。玉米蓟马多集中在玉米幼嫩叶片和心叶，玉米叶片被害后呈现苍白斑纹，严重者叶片端半部枯干心叶不能抽出，叶片不能展开，叶片呈牛尾巴状畸形生长。

心叶粘连扭曲呈鞭状

粘连扭曲畸形不展开

二、形态特征

形态	特　征
成虫	有多型现象，以长翅型最多。长翅型雌虫长1.0 ~ 1.2mm，黄色略暗，胸、腹背有暗黑区域。
卵	长0.3mm，宽0.13mm，肾形，乳白色至乳黄色。
幼虫	初孵若虫小如针尖，头、胸占身体的比例较大，触角较粗短。前蛹(3龄若虫)：胸、腹淡黄色，触角、翅芽及足淡白色，复眼红色。触角分节不明显，略呈鞘囊状，向前伸。
蛹	翅芽较长，接近羽化时带褐色。

成虫

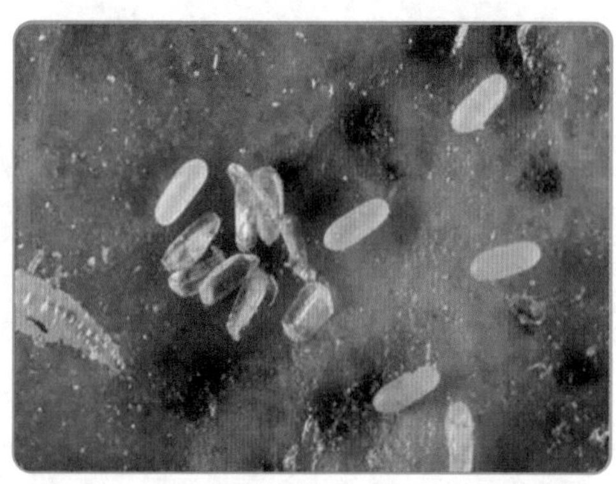
卵

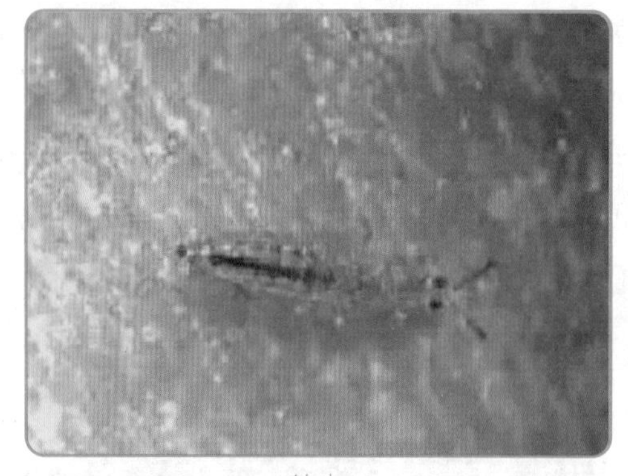
幼虫

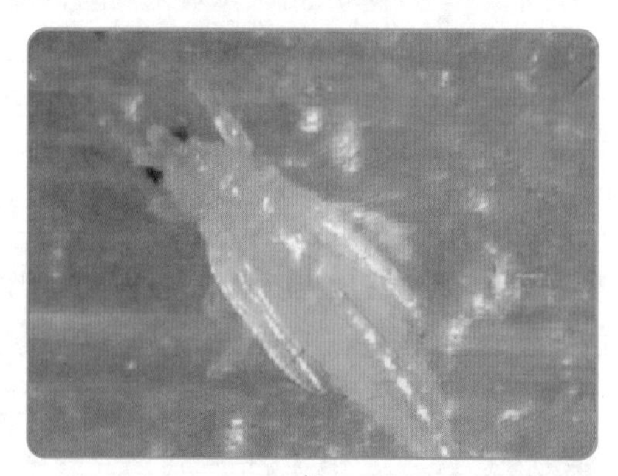
蛹

三、发生规律

玉米蓟马成虫在禾本科杂草根基部和枯叶内越冬，一般于翌年5月中下旬从禾本科植物迁向玉米，在玉米上繁殖两代。第一代若虫于翌年5月下旬至6月初发生在春玉米或麦类作物上；6月中旬进入成虫盛发期，也是为害高峰期；6月下旬是第二代若虫盛发期；7月上旬成虫为害夏玉米。以成虫和1、2龄若虫为害，3、4龄若虫停止取食，掉落在松土内或隐藏于植株基部叶鞘、枯叶内。干旱对其大发生有利，降水对其发生和为害有直接的抑制作用。

四、绿色防控

农业防治

结合田间定苗，拔除虫苗，带出田间销毁，减少其传播蔓延。增施苗肥，适时浇水，促进玉米早发快长，营造不利于蓟马发生、发育的环境，以减轻危害。

化学防治

在蓟马有虫株率达5%或百株虫量达30头时及时用药防治。常用的化学药剂有：3%啶虫脒油2000倍液、40%毒死蜱乳油1500倍液、4.5%高效氯氰菊酯1000倍液等。用药时间宜在上午9时以前和下午5时以后，对玉米叶片和心叶进行喷施防治。对于已成鞭状的玉米苗，可用锥子从鞭状叶基部扎入，从中间豁开，让心叶及时生长。

第十一节　玉米叶螨

玉米叶螨　就是红蜘蛛，属蛛形纲蜱螨目叶螨科，是多食性害虫，以若虫或成虫在叶背面吸取汁液，造成叶片枯死，影响产量。在我国分布广泛，对玉米为害主要发生在华北、西北等地区。

一、危害症状

主要有截形叶螨、二斑叶螨和朱砂叶螨三种，截形叶螨为优势种。寄主植物有玉米、高粱、向日葵、豆类、棉花、蔬菜等多种作物。该虫以若螨和成螨群聚叶背吸取汁液，使叶片着灰白色或枯黄色细斑，严重时叶片干枯脱落，影响生长。

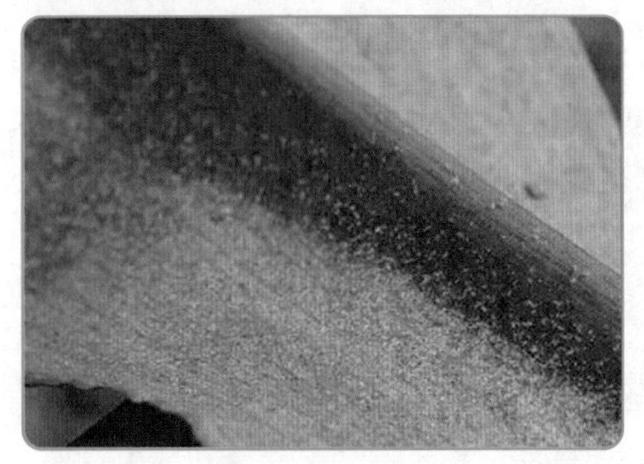

为害叶片呈灰白色

聚集叶背为害

二、形态特征

形态	特 征
截形叶螨	成螨体深红色或锈红色，雌体长0.5mm，体宽0.3mm，雄体长0.35mm，体宽0.2mm。
二斑叶螨	成螨体浅黄色或黄绿色，雌体长0.42～0.59mm，雄体长0.26mm。
朱砂叶螨	成螨体锈红色至深红色，雌体长0.48～0.55mm，宽0.3～0.32mm，雄体长0.35mm，宽0.2mm。

截形叶螨

二斑叶螨

朱砂叶螨

二斑叶螨幼虫

三、发生规律

玉米叶螨喜高温低湿的环境，干旱少雨年份或季节发生较重。3—4月，随着气温的回升越冬雌成螨开始活动，先在田埂、沟渠、树下杂草上取食、产卵繁殖。5月份玉米出苗后，在杂草上为害的红蜘蛛陆续向玉米田转移。一般7月中下旬集中在玉米上为害，8月下旬达到为害高峰。先在玉米田点片发生，遇适宜的气候条件将迅速蔓延全田为害。

四、绿色防控

农业防治

在越冬卵孵化前刮树皮并集中烧毁，刮皮后在树干涂白（石灰水）杀死大部分越冬卵。

根据越冬卵孵化规律和孵化后首先在杂草上取食繁殖的习性，早春进行翻地，清除地面杂草，保持越冬卵孵化期间田间没有杂草，使玉米叶螨因找不到食物而死亡。

生物防治

充分保护和利用玉米叶螨的天敌，如中华草蛉、食螨瓢虫等，其中尤以中华草蛉种群数量较多，对玉米叶螨的捕食量较大，所以，在一般的年份，保护和增加天敌的数量就可以控制害螨的数量。

化学防治

应用40%三氯杀螨醇乳油1000～1500倍液，20%螨死净可湿性粉剂2000倍液，15%哒螨灵乳油2000倍液，1.8%齐螨素乳油6000～8000倍液等均可达到理想的防治效果。

第十二节 大 螟

大螟 属鳞翅目夜蛾科，别名稻蛀茎夜蛾，主要分布在亚洲。在我国，大螟主要发生在黄河以南，寄主广泛，可为害水稻、玉米、高粱、甘蔗、小麦、粟、茭白及向日葵等作物，以及多种禾本科杂草。南抵台湾、海南、广东、广西、云南南部，东至江苏滨海，西达四川、云南西部均有分布。

一、危害症状

以幼虫为害玉米。苗期受害后叶片上出现孔洞或植株出现枯心、断心、烂心、矮化，甚至形成死苗。在喇叭口期受害后，可在展开的叶片上见到排孔。幼虫喜取食尚未抽出的嫩雄穗，还蛀食玉米茎秆和雌穗，造成茎秆折断、烂穗。

为害茎秆折断状

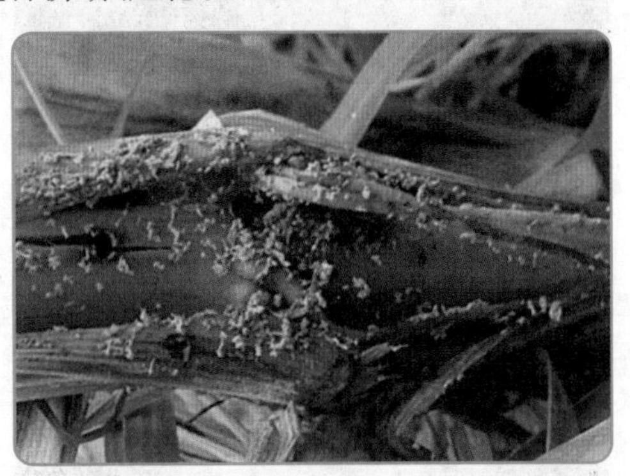

为害玉米茎和种（蛀孔外虫粪）

为害玉米茎秆（蛀孔）

为害玉米茎秆状

二、形态特征

形态	特　征
成虫	雌蛾体长15mm，翅展约30mm，头胸浅黄褐色，触角丝状，前翅近长方形，浅灰褐色，中间小黑点4个，排成四角形。雄蛾体长约12mm，翅展27mm，触角栉齿状。
卵	长0.3mm，宽0.13mm，肾形，乳白色至乳黄色。
幼虫	体肥大，老熟幼虫体长30mm左右，红褐色至暗褐色，胸腹背面桃红色，腹足发达，体节上着生疣状突起，其上着生短毛。
蛹	长13～18mm，粗壮，红褐色，腹部具灰白色粉状物，臀棘有3根钩棘。

成虫

卵

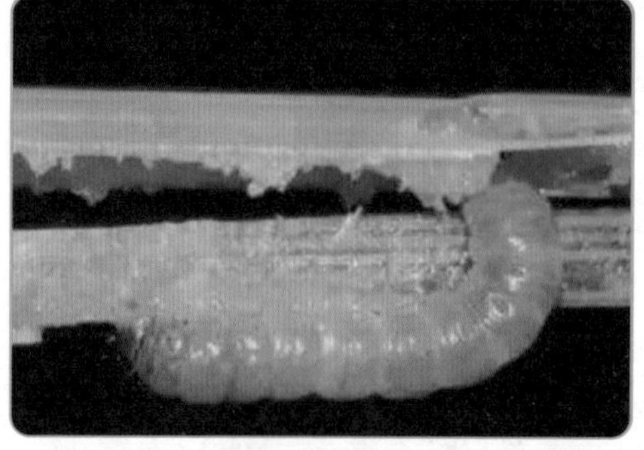
幼虫

蛹

三、发生规律

大螟从北到南一年发生2～8代，以老熟幼虫在寄主残体或近地面的土壤中越冬，翌年3月中旬化蛹，4月上旬交尾产卵，4月下旬为孵化高峰期。刚孵化出的幼虫，群集叶鞘内侧，蛀食叶鞘和幼茎。幼虫3龄以后，分散蛀茎。成虫白天潜伏，傍晚开始活动，趋光性较弱，寿命5天左右。早春10℃以上的温度来得早，则大螟发生早；靠近村庄的低洼地及麦套玉米地发生重；春玉米发生偏轻，夏玉米发生较重。

四、绿色防控

农业防治

控制越冬虫源，在冬季或早春成虫羽化前，处理存留的虫蛀茎秆，杀灭越冬虫蛹。人工灭虫，在玉米苗期，人工摘除田间幼苗上的卵块，拔除枯心苗（原始被害株，带有低龄幼虫）并销毁，降低虫口，防止幼虫转株为害。

化学防治

在大螟卵孵化始盛期初见枯心苗时，选用18%的杀虫双水剂、10%虫螨腈悬浮剂或48%毒死蜱乳油喷雾防治，重点喷到植株茎基部叶鞘部位。

第十三节　玉米耕葵粉蚧

玉米耕葵粉蚧　属粉蚧科，主要为害小麦、玉米等作物，分布在辽宁、河北等省。

一、危害症状

玉米苗期发现异常情况，玉米叶片发黄，上部枯萎，植株矮小细弱，严重时根茎部变粗，近似玉米粗缩病的症状，这时可能误认为是缺肥或得了病毒病，其实是玉米耕葵粉蚧在作怪。受害植株的根部有许多小黑点，肿大，根尖发黑腐烂，剥开被害株基部叶鞘，可发现玉米耕葵粉蚧若虫。

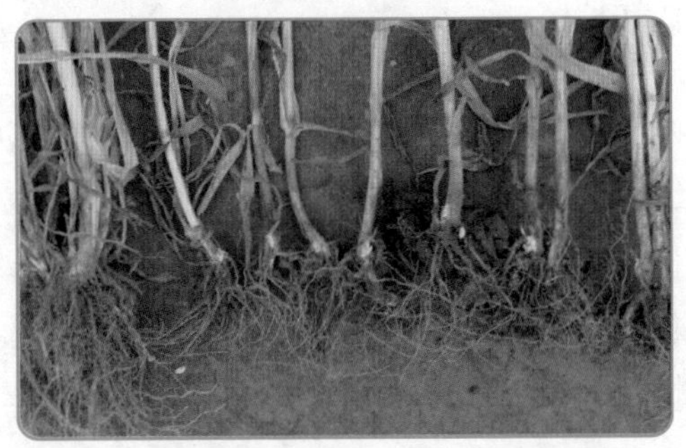
蚧若虫群集为害玉米根茎部

为害叶片

二、形态特征

形态	特 征
成虫	雌成虫体长3.0～4.2mm，宽1.4～2.1mm，长椭圆形，扁平，两侧缘近似平行，红褐色，全身覆一层白色蜡粉。雄成虫体长1.42mm，宽0.27mm，前翅白色透明，后翅退化为平衡棒，全身深黄褐色。
卵	长0.49mm，长椭圆形，初橘黄色，孵化前浅褐色，卵囊白色，棉絮状。
幼虫	共有2龄，1龄若虫体长0.61mm，性活泼，不分泌蜡粉，进入2龄后开始分泌蜡粉，在地下或进入植株下部的叶鞘中为害。
蛹	体长1.15mm，长形略扁，黄褐色，触角、足、翅明显，茧长形，白色柔密，两侧近平行。

成虫

幼虫

三、发生规律

玉米耕葵粉蚧1年发生3代，以卵在玉米根茎上及周围土壤中越冬。第一代发生于4月下旬至6月中旬，主要为害小麦，被害部可见白色絮状物。第二代发生于6月中下旬至8月上旬，主要为害夏玉米幼苗。第三代发生于8月上中旬至9月中旬，主要为害玉米和高粱，但此时作物已近成熟，对产量影响不大。9月中下旬至10月上旬雌成虫开始做卵囊产卵越冬。初孵若虫先在卵囊内活动1～2天，再向四周分散，寻找寄主后固定下来为害。1龄若虫活泼，没有分泌蜡粉保护层，是药剂防治的有利时期；2龄后开始分泌蜡粉，在地下或进入植株下部的叶鞘中为害。

四、绿色防控

农业防治

①轮作换茬：玉米耕葵粉蚧对寄主选择性强，只为害禾本科植物，不为害双子叶作物。对发生严重的地块，可改种棉花、大豆、花生等双子叶作物。

②种植抗虫品种：据报道，苗期发育较快、抗逆性较强的如农大108、鲁单50等品种，基本不受害。

③加强栽培管理：小麦、玉米等作物收获后，及时深耕灭茬，并将根茬带出田外集中处理；增施有机肥、磷钾肥，促进玉米根系发育；及时中耕除草；玉米生长期遇旱及时浇水，保持土壤墒情适宜；麦田适时冬灌，有利于减轻其为害程度。

化学防治

①种子处理：播种前，用35%克百威种衣剂按种子量2%～3%进行包衣处理，或用60%甲拌磷乳油（或50%甲基对硫磷）与水、种子按1∶50∶500的比例拌种。

②药液灌根：6月下旬至7月上中旬，在玉米耕葵粉蚧若虫2龄前是药液灌根防治最为有利的时期。可选用48%乐斯本、40%毒死蜱、50%甲胺磷、40%氧化乐果或50%辛硫磷乳油800～1000倍液灌根，或拧下喷雾器旋水片喷浇玉米幼苗基部。

第十四节　双斑长跗萤叶甲

双斑长跗萤叶甲　属鞘翅目叶甲科，主要为害粟、高粱、大豆、花生、玉米、马铃薯等。该虫过去在玉米上是偶发性次要害虫，为害轻微，但近几年在部分地区，虫体种群数量增加迅速，发生面积快速扩大，田间为害程度逐年加重，已成为为害玉米生产的主要害虫之一。

一、危害症状

该虫主要在7—9月发生为害，有群聚习性和趋嫩为害习性。在玉米田主要以成虫为害叶片、花丝、嫩穗，常集中于一株植物，自上而下取食，中下部叶片被害后，残留网状叶脉或表皮，远看呈小面积不规则白斑。玉米抽雄吐丝后，该虫喜取食花药、花丝，影响玉米正常扬花和授粉。8月为害咬食玉米雌穗花丝，影响玉米正常授粉。也可取食灌浆期的籽粒，引起穗腐。为害重时可造成大面积减产，减产可达15%～20%，甚至绝收。

为害叶片

叶片白斑

为害花丝

为害苞米

二、形态特征

形态	特　征
成虫	体长3.5 ~ 4.8mm，宽2 ~ 2.5mm，长卵形，棕黄色，头胸部红褐色，鞘翅上半部黑色，每个鞘翅基部具一近圆形淡色斑点。鞘翅下半部黄色，两翅后端合为圆形。
卵	椭圆形，长0.6mm，初棕黄色，表面具网状纹。
幼虫	体长5 ~ 6mm，白色至黄白色，体表具瘤和刚毛，前胸背板颜色较深。
蛹	长2.8 ~ 3.5mm，宽2mm，白色，表面具刚毛。

成虫

幼虫

三、发生规律

双斑长跗萤叶甲一年发生1代，以卵在土中越冬，翌年5月开始孵化。幼虫共3龄，幼虫期30天左右，在土下3 ~ 8cm活动或取食作物根部及杂草。老熟幼虫在土中做土室化蛹，蛹期7 ~ 10天，7月初始见成虫，成虫期3个多月。初羽化的成虫喜在地边、沟旁、路边的苍耳、刺菜、红蓼上活动，约经15天转移到玉米、高粱、谷子、杏树、苹果树上为害。7—8月进入为害盛期，大田收获后，转移到十字花科蔬菜上为害。成虫羽化后经20天开始交尾产卵，卵散产或数粒黏在一起，产在田间或菜园附近草丛中的表土下或杏、苹果等果树的叶片上。成虫有群集性、弱趋光性，飞翔力弱，在一株作物上自上而下地取食，日光强烈时常隐蔽在下部叶背或花穗中。气温高于15℃成虫活跃，干旱年份发生重。

四、绿色防控

农业防治

①秋耕冬灌：秋收后及时翻耕土壤晒土、冬灌，可灭卵，降低大量越冬虫卵基数。

②清洁田园：越冬期清除枯枝落叶和田间地边的杂草，特别是稗草，集中烧毁，深松土壤，杀灭越冬虫卵。

③加强栽培管理：合理施肥、密植，提高植株的抗逆性。对双斑长跗萤叶甲为害重及防治后的农田应及时补水、补肥，促进植物生长。

④人工捕杀：该虫有一定的迁飞性，对点片发生的地块可于早晚用捕虫网人工捕杀，降低虫口基数。

生物防治

在农田地边种植生态带（小麦、苜蓿）以草养害，以害养益，引益入田，以益控害。双斑长跗萤叶甲的天敌主要有瓢虫、蜘蛛等，合理使用农药，保护利用天敌。

化学防治

成虫发生严重时，亩用10%吡虫啉20g，对水50～60L，或50%辛硫磷乳油1500倍液，或2.5%高效氟氯氰菊酯乳油1500倍液，喷雾。喷药时间最好在上午10时前和下午5时后，重点喷洒受害叶片或雌穗周围。一般喷洒1～2次即可控制虫害。傍晚玉米叶片渐渐返潮，双斑长跗萤叶甲隐藏在玉米叶片中不易飞行，此时便于施药。

第十五节　高粱条螟

高粱条螟　属鳞翅目螟蛾科，又名高粱钻心虫、甘蔗条螟等。常与玉米螟混合发生，主要为害高粱、玉米、甘蔗等作物。

一、危害症状

高粱条螟多蛀入茎内或蛀穗取食为害，咬空茎秆，受害茎秆遇风易折断，蛀茎处可见较多的排泄物和虫孔，蛀孔上部茎叶由于养分输送受阻，常呈紫红色。在苗期为害，以初龄幼虫蛀食嫩叶，形成排孔花叶。低龄幼虫群集为害，在心叶内蛀食叶肉，残留透明表皮。龄期增大则咬成不规则小孔，有的咬伤生长点，使幼苗呈枯心状。

为害叶片成排孔状

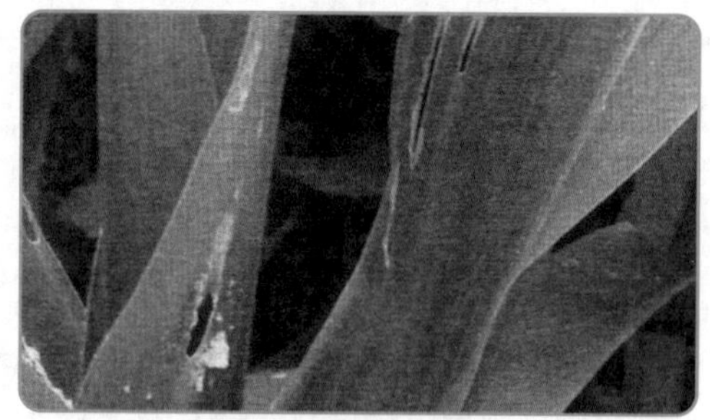
为害叶片残留透明表皮

二、形态特征

形态	特　征
成虫	黄灰色，体长10～14mm，翅展24～34mm，前翅灰黄色，中央有一小黑点，外缘有7个小黑点，翅正面有20多条黑褐色纵纹，后翅色较淡。
卵	扁椭圆形，长1.3～1.5mm，宽0.7～0.9mm，表面有龟状纹。卵块由双行卵粒排成"人"字形，每块有卵10余粒，初产时乳白色，后变深黄色。
幼虫	初孵幼虫乳白色，上有许多红褐色斑连成条纹。老熟幼虫淡黄色，体长20～30mm。幼虫分夏、冬两型。夏型幼虫胸腹部背面有明显的淡紫色纵纹4条，腹部各节背面有4个黑色斑点，上生刚毛，排成正方形，前两个卵圆形，后两个近长方形。冬型幼虫越冬前蜕一次皮，蜕皮后体背出现4条紫色纵纹，黑褐斑点消失，腹面纯白色。
蛹	红褐色或暗褐色，长12～16mm，腹部第5～7节背面前缘有深色不规则网纹，腹末有2对尖锐小突起。

成虫

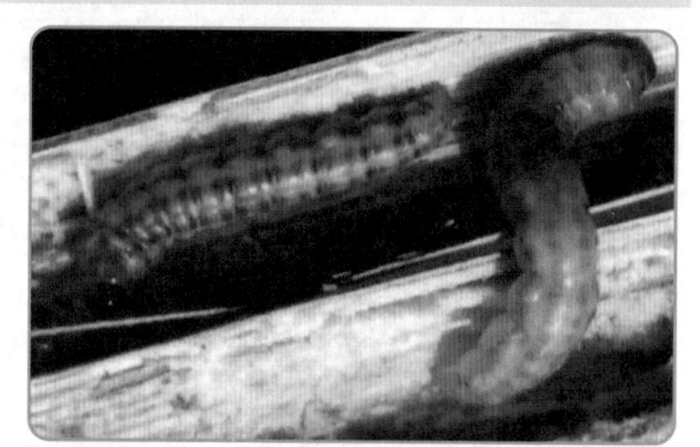
幼虫

幼虫

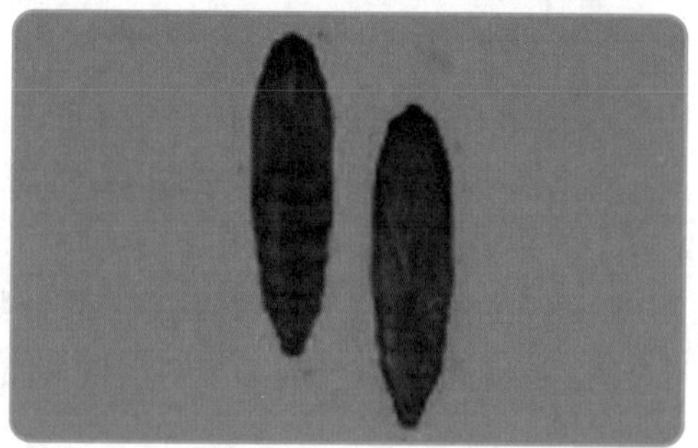
蛹

三、发生规律

高粱条螟在华南地区一年发生4～5代，长江以北旱作地区常年发生2代。以老熟幼虫在玉米和高粱秸秆中越冬，也有少数幼虫越冬于玉米穗轴中。初孵幼虫钻入心叶，群集为害，或在叶片中脉基部为害。3龄后，由叶腋蛀入茎内为害。成虫昼伏夜出，有趋光性、群集性。越冬幼虫在翌年5月中下旬化蛹，5月下旬至6月上旬羽化。第一代幼虫于6月中下旬出现，为害春玉米和春高粱。第一代成虫在7月下旬至8月上旬盛发，产卵盛期在8月中旬；第二代幼虫出现在8月中下旬，在夏玉米心叶期时为害；老熟幼虫在越冬前蜕皮，变为冬型幼虫越冬。在越冬基数较大，一般田间湿度较高的情况下，高粱条螟容易发生。

四、绿色防控

农业防治

采用粉碎、烧毁等方法处理秸秆，减少越冬虫源；注意及时铲除地边杂草，定苗前捕杀幼虫。

生物防治

在卵盛期释放赤眼蜂，每亩1万头左右，隔7～10天放1次，连续放2～3次。

化学防治

在幼虫蛀茎之前防治，此时幼虫在心叶内取食，可喷雾或向心叶内撒施颗粒剂杀灭幼虫。

第十六节 蛴 螬

蛴螬　是鞘翅目金龟甲总科幼虫的总称，在我国为害最重的种类是大黑鳃金龟甲、暗黑鳃金龟甲和铜绿丽金龟甲。大黑鳃金龟甲，国内除西藏尚未报道外，各省（区）均有分布。暗黑鳃金龟甲各省（区）均有分布，为长江流域及其以北旱作地区的重要地下害虫，其他各省（区）均有分布。另外，还有白星花金龟甲、小青花金龟甲等。

一、危害症状

蛴螬食性很杂，可以为害多种农作物、牧草、果树和林木的幼苗。蛴螬取食萌发的种子，咬断幼苗的根、茎，断口整齐平截，轻则缺苗断垄，重则毁种绝收。许多种类的成虫还喜食农作物和果树、林木的叶片、嫩芽、花蕾等，造成严重损失。

蛴螬

白星花金龟甲为害玉米穗

小青花金龟甲为害玉米

为害玉米苗根茎部

二、形态特征

1. 大黑鳃金龟甲

形态	特　征
成虫	体长16～22mm，宽8～11mm。体色黑色或黑褐色，具光泽。触角10节，鳃片部3节呈黄褐色或赤褐色，其长度约为其后6节的长度。鞘翅长椭圆形，其长度为前胸背板宽度的2倍，每侧有4条明显的纵肋。臀节外露，背板向腹下包卷，与腹板相会合于腹面。
卵	初产时长椭圆形，长约2.5mm，宽约1.5mm，白色略带黄绿色光泽；发育后期近球形，长约2.7mm，宽约2.2mm，洁白有光泽。
幼虫	3龄幼虫体长35～45mm，头宽4.9～5.3mm。头部前顶刚毛每侧3根，其中冠缝侧2根，额缝上方近中部1根。肛腹板后覆毛区无刺毛列，只有钩状毛散乱排列。多为70～80根。
蛹	长21～23mm，宽11～12mm，化蛹初期为白色，以后变为黄褐色至红褐色，复眼的颜色依发育进度由白色依次变为灰色、蓝色、蓝黑色至黑色。

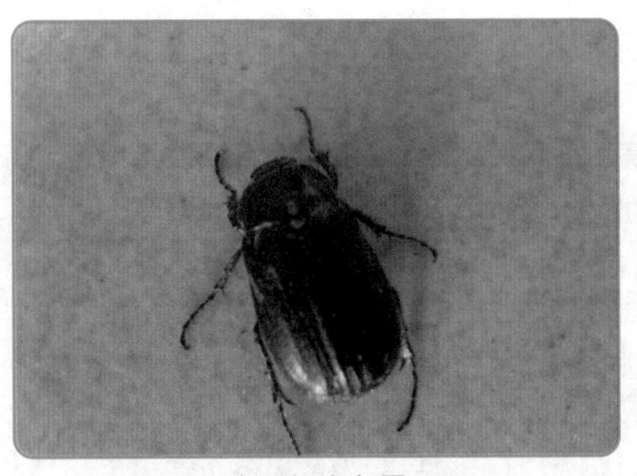
大黑鳃金龟甲

大黑鳃金龟甲幼虫

2. 暗黑鳃金龟甲

形态	特　征
成虫	体长17～22mm，宽9.0～11.5mm。长卵形，暗黑色或红褐色。前胸背板前缘具有褐色长毛。鞘翅伸长，每侧4条纵肋不显。
卵	初产时长约2.5mm，宽约1.5mm，长椭圆形；发育后期近球形，长约2.7mm，宽约2.2mm。
幼虫	3龄幼虫体长35～45mm，头宽5.6～6.1mm，头部前顶刚毛每侧1根，位于冠缝侧。肛腹板后部覆毛区无刺毛列，只有散乱排列的钩状毛，多为70～80根。
蛹	长21～23mm，宽11～12mm，化蛹初期为白色，以后变为黄褐色至红褐色，复眼的颜色依发育进度由白色依次变为灰色、蓝色、蓝黑色至黑色。

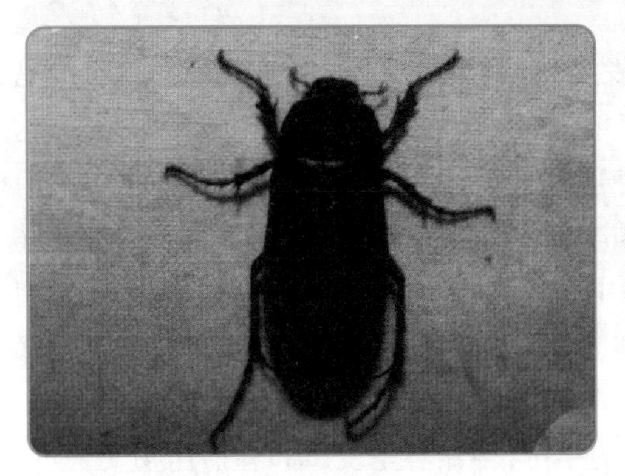
暗黑鳃金龟甲

暗黑鳃金龟甲幼虫

3. 铜绿丽金龟甲

形态	特　征
成虫	体长19～21mm，宽10～11.3mm。背面铜绿色，其中头、前胸背板、小盾片色较浓，鞘翅色较淡，有金属光泽。唇基前缘、前胸背板两侧呈淡黄褐色。鞘翅两侧具不明显的纵肋4条，肩部具疣状突起。臀板三角形，黄褐色，基部有一个倒正三角形大黑斑，两侧各有一个小椭圆形黑斑。

续表

形态	特　征
卵	初产时椭圆形，长1.65～1.93mm，宽1.30～1.45mm，乳白色；孵化前呈球形，长2.37～2.62mm，宽2.06～2.28mm，卵壳表面光滑。
幼虫	3龄幼虫体长30～33mm，头宽4.9～5.3mm。头部前顶刚毛每侧6～8根，排成一纵列。肛腹板后部覆毛区刺毛列由长针状刺毛组成，每侧多为15～18根，两列刺毛尖端大多在此相遇或交叉，仅后端稍许岔开些，刺毛列的前端远没有达到钩状刚毛群的前部边缘。
蛹	长21～23mm，宽11～12mm，化蛹初期为白色，以后变为黄褐色至红褐色，复眼的颜色依发育进度由白色依次变为灰色、蓝色、蓝黑色至黑色。

铜绿丽金龟甲

铜绿丽金龟甲幼虫

三、发生规律

大黑鳃金龟甲在我国仅华南地区一年发生1代，以成虫在土中越冬；其他地区均是两年发生1代，成虫、幼虫均可越冬，但在两年1代区，存在不完全世代现象。在北方越冬成虫于春季10cm土温上升到14～15℃时开始出土，达17℃以上时成虫盛发。5月中下旬田间始见卵，6月上旬至7月上旬为产卵盛期，末期在9月下旬。卵期10～15天，6月上中旬开始孵化，盛期在6月下旬至8月中旬。孵化幼虫除极少一部分当年化蛹羽化，大部分当秋季10cm土温低于10℃时，即向深土层移动，低于5℃时全部进入越冬状态。越冬幼虫翌年春季当10cm土温上升到5℃时开始活动。大黑鳃金龟甲种群的越冬虫态既有幼虫又有成虫。以幼虫越冬为主的年份，翌年春季麦田和春播作物受害重，而夏秋作物受害轻；以成虫越冬为主的年份，翌年春季作物受害轻，夏秋作物受害重。出现隔年严重为害的现象，即常说的“大小年”。

暗黑鳃金龟甲一年发生1代，多数以3龄幼虫筑土室越冬，少数以成虫越冬。以成虫越冬的，成为翌年5月出土的虫源。以幼虫越冬的，一般春季不为害，于4月初至5月初开始化蛹，5月中旬为化蛹盛期。蛹期15～20天，6月上旬开始羽化，盛期在6月中旬，7月中旬至8月上旬为成虫活动高峰期。7月初田间始见卵，盛期在7月中旬开始孵化，卵期8～10天，下旬为孵化盛期。初孵幼虫即可为害，8月中下旬为幼虫为害盛期。

铜绿丽金龟甲一年发生1代，以幼虫越冬。越冬幼虫在春季10cm土温高于6℃时开始活动，3—5月有短时间为害。在安徽、江苏等地越冬幼虫于5月中旬至6月下旬化蛹，5月底为化蛹盛期。成虫出现始期为5月下旬，6月中旬进入活动盛期。产卵盛期在6月下旬至7月上旬。7月中旬为卵孵化盛期，孵化幼虫为害至10月中旬。当10cm土温低于10℃时，开始下潜越冬，越冬深度大多在20～50cm。室内饲养观察表明，铜绿丽金龟甲的卵期、幼虫期、蛹期和成虫期分别为7～13天、313～333天、7～11天和25～30天。在东北地区，春季幼虫为害期略迟，盛期在5月下旬至6月初。

四、绿色防控

农业防治

①土地翻耕：大面积深耕，并随犁拾虫，以降低虫口数量。

②合理施肥：施腐熟厩肥，蛴螬成虫对未腐熟的厩肥有强烈趋性，易带入大量虫源；碳酸氢铵、腐殖酸铵等化学肥料散发出的氨气对蛴螬等地下害虫具有一定的驱避作用。

③合理灌溉：蛴螬发育最适宜的土壤含水量为15%～20%，如持续过干或过湿，卵不能孵化，幼虫致死，成虫的繁殖和生活力严重受阻。因此，在蛴螬发生严重的地块，合理灌溉，促使蛴螬向土层深处转移，避开幼苗最易受害时期。

生物防治

①灯光诱杀：蛴螬发生盛期，使用频振式杀虫灯连片规模设置，防治成虫效果极佳。一般6月中旬开始开灯，8月底撤灯，每日开灯时间为晚上9时至次日凌晨4时。

②生态调控：在地边田垣种植蓖麻，每亩点种20～30棵，毒杀取食的成虫，或在地边、路旁种植少量杨树、榆树等矮小幼苗或灌木丛为诱集带，捕杀成虫。

③培养大黑金龟乳状芽孢杆菌、苏云金杆菌、虫霉真菌盘状轮枝孢及绿僵菌和布氏白僵菌、昆虫病原线虫（异小杆科和斯氏线虫科），接种土壤内，使蛴螬感病致死。

化学防治

①土壤处理：播种前每亩用0.08%噻虫嗪颗粒剂40～50kg施后旋耕，也可每亩用50%辛硫磷乳油200～250g，对10倍的水，喷于25～30kg细土中拌匀成毒土。顺垄条施，随即浅锄，能收到良好效果。

②种子处理：拌种用的药剂主要有50%辛硫磷，其药剂、水、种子重量比一般为1∶（30～40）∶（400～500），也可用25%辛硫磷胶囊剂，或用种子重量2%的35%克百威种衣剂拌种防治。

③沟施毒饵：每亩用25%辛硫磷胶囊剂150～200g拌谷子等饵料5kg左右，或50%辛硫磷乳油50～100g拌饵料3～4kg，撒于垄沟中。

第十七节　东亚飞蝗

东亚飞蝗　又名蚂蚱，属直翅目飞蝗科，主要分布河北、山东、河南、天津、山西、陕西等省（市）。东亚飞蝗主要取食小麦、玉米、高粱、水稻等禾本科植物，但对甘薯、马铃薯、麻类及田菁等均不取食。

一、危害症状

成虫、若虫咬食植物的叶片和茎，大发生时成群迁飞，把成片的农作物吃成光秆。在大发生时，几乎取食所有的绿色植物。东亚飞蝗群体能远距离迁飞，易暴发成灾，是我国历史上成灾最多的大害虫。

为害叶片

蝗灾

二、形态特征

形态	特　征
成虫	雄成虫体长33～48mm，雌成虫体长39～52mm。该虫成虫有群居型、散居型和中间型三种类型。群居型体色为黑褐色，散居型体色为绿色或黄褐色，中间型体色为灰色。成虫头部较大，颜面垂直。触角丝状，淡黄色。前胸背板马鞍形，中隆线明显，两侧常有暗色纵条纹，群居型条纹明显，散居型和中间型条纹不明显或消失。从侧面看，散居型中隆线上缘呈弧形，群居型较平直或微凹。
卵	卵块黄褐色或淡褐色，呈长筒形，长45～67mm，卵粒排列整齐，微斜成4行长筒形，每块有卵40～80粒，个别多达200粒。
蝗蝻	蝗虫的若虫称蝗蝻，有5个龄期。1龄若虫体长5～10mm，触角13～14节；2龄若虫体长8～14mm，触角18～19节；3龄若虫体长10～20mm，触角20～21节；4龄若虫体长16～25mm，触角22～23节；5龄若虫体长26～40mm，触角24～25节。

成虫

成虫

卵块

若虫

三、发生规律

北京以北年发生1代；渤海湾、黄河下游、长江流域年发生2代，少数年份发生3代；广西、广东、台湾等省年发生3代；海南省可发生4代。东亚飞蝗无滞育现象，全国各地均以卵在土中越冬。山东、安徽、江苏等省发生2代，越冬卵于4月底至5月上中旬孵化为夏蝻，经35 ~ 40天羽化为夏蝗，夏蝗寿命55 ~ 60天，羽化后10天交尾，7天后产卵，卵期15 ~ 20天。7月上中旬进入产卵盛期，孵出若虫称为秋蝻，又经25 ~ 30天羽化为秋蝗。秋蝗生活15 ~ 20天又开始交尾产卵，9月份进入产卵盛期后开始越冬。个别高温干旱的年份，于8月下旬至9月下旬又孵出3代蝗蝻，多在冬季冻死，仅有个别能羽化为成虫产卵越冬。成虫产卵时对地形、土壤性状、土面坚实度、植被等有明显的选择性。每只雌蝗一般产4 ~ 5个卵块，每卵块含卵60多粒。飞蝗成虫几乎全天取食。飞蝗密度小时为散居型，密度大了以后，个体间相互接触，可逐渐聚集成群居型。群居型飞蝗有远距离迁飞的习性，迁飞多发生在羽化后5 ~ 10天、性器官成熟之前。迁飞时可在空中持续1 ~ 3天。至于散居型飞蝗，有时也会出现迁飞现象。群居型飞蝗体内含脂肪量多、水分少，活动力强，但卵巢管数少，产卵量低。而散居型则相反。飞蝗喜欢栖息在地势低洼、易涝易旱或水位不稳定的海滩或湖滩，以及大面积荒滩或耕作粗放生有低矮芦苇、茅草或盐蒿、莎草等植物的夹荒地上，。遇有干旱年份，这种荒地随天气干旱水面缩小而增大时，利于蝗虫生育。宜蝗面积增加，容易酿成蝗灾，因此每遇大旱年份，要注意防治蝗虫。蝗虫天敌有寄生蜂、寄生蝇、鸟类、蛙类等。

四、绿色防控

农业防治

兴修水利，稳定湖河水位，大面积垦荒种植，精耕细作，减少蝗虫滋生地。植树造林，改善蝗区小气候，消灭飞蝗产卵繁殖场所。因地制宜种植紫穗槐、冬枣、牧草、马铃薯、麻类等飞蝗不食的作物，断绝其食物来源。

生物防治

①充分保护蜜源植物，创造利于天敌繁殖的适生环境，保护利用二色补血草、阿尔泰紫菀等中国雏蜂虻蜜源植物，规划建立蜜源植物诱集带，以600m×（2～3）m为宜。注意保护原生态的蜜源植物，增加天敌数量。

②在蝗蝻3龄前，当蜘蛛、蚂蚁等天敌益害比大于1∶5时，可以不进行化学防治；小于这一指标时，应选择性施药，保护利用天敌。

③东亚飞蝗夏季发生期，控制中国雏蜂虻幼虫与飞蝗卵块比为1∶2，或中国雏蜂虻幼虫寄食蝗卵达50%左右。东亚飞蝗秋季成虫期，中国雏蜂虻雌成虫与蝗虫雌成虫比达1∶20，或中国雏蜂虻成虫数量每公顷达150～225头时，可充分发挥天敌的自然控制作用。

④宜蝗区牧鸡、牧鸭，在东亚飞蝗发生区散养鸡、鸭，利用鸡、鸭捕食飞蝗。

⑤在蝗虫天敌保护利用区，要尽可能不用或少用化学农药，必须使用时，应避开天敌昆虫盛发期；同时，尽可能选用高效低毒的农药品种，最大限度减轻对天敌的杀伤，以充分发挥其自然控制作用。

⑥生物农药。在蝗蝻2～3龄期，用蝗虫微孢子虫飞机作业喷施；也可用20%杀蝗绿僵菌油剂每亩25～30ml，加入500ml专用稀释液后，用机动弥雾机喷施。若用飞机超低量喷雾，每亩用量一般为40～60ml。也可用苦参碱、印楝素等生物制剂防治。

科学用药

在蝗虫大发生年或局部蝗区蝗情严重时，必须使用化学农药。施药的时期要掌握在3龄前。人工喷雾可选用50%马拉硫磷乳油1000倍液，飞机喷雾选用菊酯类农药，对东亚飞蝗均有很好的防治效果。

第十八节　地老虎

地老虎　又名土蚕、地蚕、黑土蚕、黑地蚕，属鳞翅目夜蛾科，主要种类有小地老虎、黄地老虎、大地老虎和八字地老虎等。小地老虎在我国各地均有发生。

一、危害症状

春播玉米后，正是地老虎成虫寻找寄主产卵的时期，这时除了玉米外，还会选择其他蔬菜和杂草。在玉米播种前，杂草就是地老虎的滋生场所。在玉米播种出苗前幼虫在杂草心叶中取食，当玉米出苗后再转移到玉米心叶中危害，这时玉米苗上会出现很多的半透明斑点。幼虫在土中咬食种子、幼芽，老龄幼虫可将幼苗茎基部咬断，造成缺苗断垄，1、2龄幼虫啃食叶肉，残留表皮呈窗孔状。子叶受害，可形成很多孔洞或缺刻，容易出现玉米枯心萎蔫，缺苗断垄，严重还会导致毁种。

地老虎幼虫咬断玉米苗根基部

地老虎幼虫为害玉米，致缺苗断垄

二、形态特征

1. 小地老虎

形态	特　征
成虫	体长17～23mm，灰褐色，前翅有肾形斑、环形斑和棒形斑。肾形斑外边有1个明显的尖端向外的楔形黑斑，亚缘线有2个尖端向里的楔形斑，3个楔形斑相对。
幼虫	老熟幼虫长37～50mm，头部褐色，有不规则褐色网纹，臀板上有2条深褐色纵纹。
蛹	体长18～24mm，第4～7节腹节基部有一圈刻点，在背面的大而深，末端1对臀刺。

小地老虎

小地老虎幼虫

2. 黄地老虎

形态	特　征
成虫	体长14～19mm，前翅黄褐色，有明显的黑褐色肾形斑和黄色斑纹。
幼虫	老熟幼虫体长33～45mm，头部深黑褐色，有不规则的深褐色网纹，臀板有2个大块黄褐色斑纹，中央断开，有分散的小黑点。

黄地老虎

黄地老虎幼虫

3. 大地老虎

形态	特　征
成虫	体长25～30mm，前翅前缘棕黑色，其余灰褐色，有棕黑色的肾状斑和环形斑。
幼虫	老熟幼虫体长41～60mm，黄褐色，体表多皱纹，臀板深褐色，布满龟裂状纹。

大地老虎

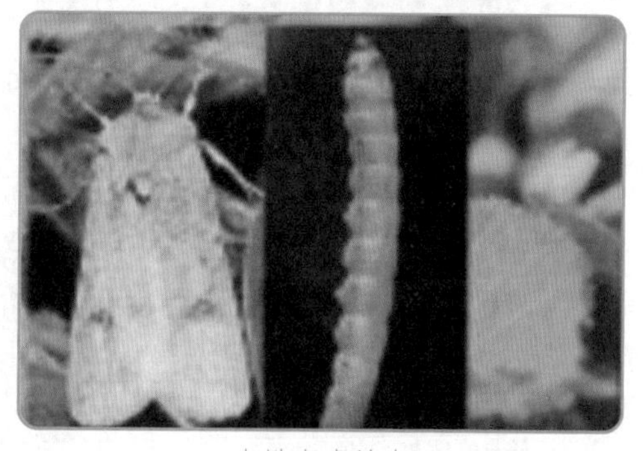
大地老虎幼虫

三、发生规律

小地老虎在黄河流域一年发生3～4代，长江流域一年发生4～6代，以幼虫或蛹越冬，黄河以北不能越冬。卵产在土块、地表缝隙、土表的枯草茎和根须上以及农作物幼苗和杂草叶片的背面。第一代卵孵化盛期在4月中旬，4月下旬至5月上旬为幼虫盛发期，阴凉潮湿、杂草多、湿度大的棉田虫量多，发生重。

黄地老虎在西北地区一年发生2～3代，黄河流域一年发生3～4代，以老熟幼虫在土中越冬。翌年3—4月化蛹，4—5月羽化，成虫发生期比小地老虎晚20～30天，5月中旬进入第一代卵孵化盛期，5月中下旬至6月中旬进入幼虫为害盛期。黄地老虎只有第一代幼虫为害秋苗。一般在土壤黏重、地势低洼和杂草多的作物田发生较重。

大地老虎在我国一年发生一代，以幼虫在土中越冬，翌年3—4月出土为害，4—5月进入为害盛期，9月中旬后化蛹羽化，在土表和杂草上产卵，幼虫孵化后在杂草上生活一段时间后越冬，其他习性与小地老虎相似。

四、绿色防控

农业防治

清洁田园：杂草是地老虎的产卵场所，及时铲除地头、地边、田边路旁的杂草，并带到田外及时处理，能消灭一部分卵或幼虫。

生物防治

诱杀成虫和幼虫：对成虫可利用地老虎对酸、甜等物质的嗜好及趋光性，用糖、醋混合液配方：糖0.5kg、醋1L、白酒0.1L、水7.5L，加入15～25g晶体敌百虫，或滴入1～2滴敌敌畏，将上述原料充分搅匀后置于盆中，在傍晚放在离地约1m高处，次日清晨将药盆收回，可诱杀大量地老虎成虫。还可以利用黑光灯进行诱杀。对幼虫可用泡桐树叶诱杀，将比较老的泡桐树叶用水浸湿，傍晚均匀地放入玉米地，每亩70～80片，次日早晨在叶下捕杀幼虫。也可用灰菜、苜蓿、艾蒿、青蒿等混合，傍晚以堆小堆的方式放置在玉米地，次日清晨捕杀堆内幼虫。

化学防治

①喷施药液：用2.5%溴氰菊酯乳油2000倍液或50%辛硫磷乳油1000倍液（要严格控制用药量）。

②撒施毒土、毒沙：用50%辛硫磷乳油0.5kg加水适量，喷拌100kg细土，或用1份20%速灭菊酯乳油拌2000份细沙撒施。

③毒饵诱杀：用90%晶体敌百虫0.5kg加水3～4kg，喷在50kg碾碎炒香的棉籽饼或麦麸上，或用50%辛硫磷乳油每亩50g，拌棉籽饼或铡碎的鲜草5kg撒施。毒饵或毒

草在傍晚撒到幼苗根际附近，每隔一定距离一小堆，每亩15～20kg。

④药剂灌根：在虫龄较大时用80%敌敌畏乳油或50%辛硫磷，每亩用药0.2kg对水400L灌根，或涂于植株茎秆防治（安全间隔期5～7天）。

⑤人工捕捉：对于受害较重的地块，田间出现断苗时，可于清晨拨开断苗附近的表土或麦秸，捕杀高龄幼虫。

第十九节　玉米旋心虫

玉米旋心虫　俗名玉米蛀虫、黄米虫等，主要以幼虫为害玉米作物，给农户们造成了极大的经济损失。分布于我国吉林、辽宁、山西等地，主要为害玉米、高粱、谷子等。

一、危害症状

该虫为害玉米时以幼虫在玉米苗茎基部蛀入，常造成花叶、枯心，叶片卷缩畸形，重者分蘖较多，植株畸形，不能正常生长。

叶花症状

枯心症状

二、形态特征

形态	特　征
成虫	体长5～6mm，全体密被黄褐色细毛，头部黑褐色，鞘翅绿色。前胸黄色，宽大于长，中间和两侧有凹陷，无侧缘。胸节和鞘翅上布满小刻点，鞘翅翠绿色，具光泽。足黄色。雌虫腹末呈半卵圆形，略超过鞘翅末端，雄虫则不超过翅鞘末端。
卵	椭圆形，长约0.6mm，卵壳光滑，初产黄色，孵化前变为褐色。
幼虫	老熟幼虫体长8～11mm。黄色，头部褐色，体共11节，各节体背排列着黑褐色斑点，前胸盾板黄褐色。中胸至腹部末端每节均有红褐色毛片，中、后胸两侧各有4个，腹部1～8节两侧各有5个。臀板呈半椭圆形，背面中部凹下，腹面也有毛片突起。
蛹	呈黄色，裸蛹，长6mm。

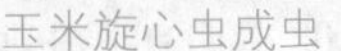

玉米旋心虫成虫

玉米旋心虫幼虫

三、发生规律

玉米旋心虫在北方一年发生1代，以卵在土壤中越冬。5月下旬至6月上旬越冬卵陆续孵化，幼虫蛀食玉米苗，在玉米幼苗期可转移多株为害，苗长至30cm左右后，很少再转株为害。幼虫为害盛期在7月中上旬，7月下旬为化蛹、羽化盛期，8月中上旬陆续在土中产卵越冬。成虫白天活动，有假死性。卵多产在疏松的玉米田土表中或植物须根上，每只雌虫可产卵20粒左右。幼虫夜间活动，老熟幼虫在土下2～3cm筑室化蛹，蛹期5～8天。一般降水充沛年份发生重，晚播及连作田块发生重。

四、绿色防控

农业防治

①选用抗虫品种，实行轮作倒茬，避免连茬种植，减少害虫越冬场所。

②搞好秋翻，能利用鸟类等天敌吃掉一部分虫体，并冻死一部分害虫。

③清洁田园：结合整地，把玉米根茬拣出田外集中处理，降低虫源基数。

化学防治

①使用内吸性杀虫剂克百威等种衣剂进行种子处理。

②每亩用25%甲萘威可湿性粉剂，或用2.5%的敌百虫粉剂1～1.5kg，拌细土20kg，搅拌均匀后，在幼虫为害初期（玉米幼苗期）顺垄撒在玉米根周围，杀伤转移为害的害虫。

③用90%晶体敌百虫1000倍液，或用80%敌敌畏乳油1500倍液喷雾，每亩喷药液50～60kg。

第二十节　大青叶蝉

大青叶蝉　属同翅目叶蝉科，为分布广泛的杂食性害虫，可为害玉米、高粱、稻、麦、豆类、蔬菜、果树等。

一、危害症状

成虫和若虫刺吸茎叶汁液。玉米和高粱被害叶面有细小白斑，叶尖枯卷，幼苗严重受害时，叶片发黄卷曲，甚至枯死。此外，该虫还可传播病毒病。

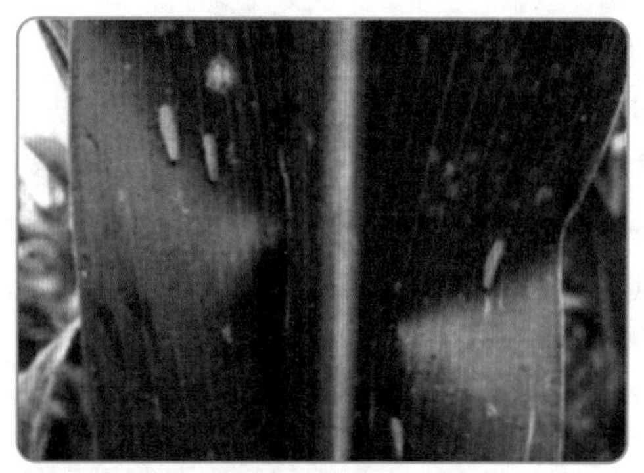

为害叶面形成的小白斑

大青叶蝉产卵为害叶片

二、形态特征

形态	特　征
成虫	雌虫体长9.4～10.1mm，头宽2.4～2.7mm；雄虫体长7.2～8.3mm，头宽2.3～2.5mm。头部正面淡褐色，两颊微青，在颊区近唇基缝处左右各有一小黑斑。触角窝上方、两单眼之间有1对黑斑。复眼绿色。前胸背板淡黄绿色，后半部深青绿色。小盾片淡黄绿色，中间横刻痕较短，不伸达边缘。前翅绿色带有青蓝色泽，前缘淡白，端部透明，翅脉为青黄色，具有狭窄的淡黑色边缘。后翅烟黑色，半透明。腹部背面蓝黑色，两侧及末节橙黄带有烟黑色，胸、腹部腹面及足为橙黄色。
卵	为白色微黄，长卵圆形，长1.6mm，宽0.4mm，中间微弯曲，一端稍细，表面光滑。
若虫	初孵化时为白色，微带黄绿。头大腹小。复眼红色。2～6小时后，体色渐变淡黄、浅灰或灰黑色。3龄后出现翅芽。老熟若虫体长6～7mm，头冠部有2个黑斑，胸背及两侧有4条褐色纵纹直达腹端。

大青叶蝉成虫

大青叶蝉幼虫

三、发生规律

北方每年发生2~3代，以卵在2~3年生树枝皮层下越冬，翌年3—4月孵化。北方5月间出现成虫，喜群集为害玉米、高粱及矮小植物。产卵时，以锯齿状产卵器在玉米叶背面主脉上刺一长形产卵口产卵，每处有卵5~6粒。玉米、高粱收获后，转向甘薯、大豆及蔬菜上为害，10月中旬第三代成虫陆续转移到果树、林木上为害并产卵于枝条内。

四、绿色防控

农业防治

①轮作倒茬：优化种植结构，调整茬口，合理轮作，有条件的地区实行水旱轮作。

②清洁田园：及时清除田间及周围的杂草、秸秆、残茬等，减少地老虎产卵场所及幼虫早期食源，消灭虫卵及幼虫。

③在成虫期利用灯光诱杀，可以大量消灭成虫。成虫早晨不活跃，可进行网捕。

化学防治

10月上中旬第三代成虫转移至树木产卵时，可以用80%敌敌畏乳油1000倍液喷杀。

主要参考文献

[1]农业部农药检定所.玉米病虫草害防治实用手册[M].北京:中国农业大学出版社,2016.

[2]曹敏建.玉米标准化生产技术[M].北京:金盾出版社,2009.

[3]薛世川,彭正萍.玉米科学施肥技术[M].北京:金盾出版社,2009.

[4]侯振华.玉米栽培新技术[M].沈阳:沈阳出版社,2010.